# MAKE SOME NOISE
## Speak Your Mind and Own Your Strength

# 挺身而进
## 成就自我的勇气

Andrea Owen
[美] 安德烈娅·欧文 著
范鹏 译

机械工业出版社
CHINA MACHINE PRESS

本书是一本帮助女性看清生活中的那些绊脚石、跟那些无用的东西划清界限、找到正确的前进方向以及成就最好的自我的书。作者凭借所学的心理学专业知识，助力女性在工作、生活中活出精彩的自我，并告诉女性如何重新掌控自己的生活，使其成为自己的全部。在本书中，作者解构了破坏女性的常见行为模式，并提出了创造真正服务于女性成长的新生活方式。本书是一本原始而诚实的指导手册，最终也是对自己的召唤。让女性勇于改变自我，活出真正的自己。

Make Some Noise: Speak Your Mind and Own Your Strength by Andrea Owen
Copyright © 2021 by Andrea Owen
Published by arrangement with Taryn Fagerness Agency through Bardon Media Management Agency LLC
Simplified Chinese translation copyright © 2022 by China Machine Press
ALL RIGHTS RESERVED

北京市版权局著作权合同登记　图字：01-2021-3402号。

## 图书在版编目（CIP）数据

挺身而进：成就自我的勇气 /（美）安德烈娅·欧文（Andrea Owen）著；范鹏译. — 北京：机械工业出版社，2022.6
书名原文：Make Some Noise: Speak Your Mind and Own Your Strength
ISBN 978-7-111-70887-2

Ⅰ.①挺… Ⅱ.①安… ②范… Ⅲ.①女性 – 成功心理 – 通俗读物　Ⅳ.①B848.4-49

中国版本图书馆CIP数据核字（2022）第092744号

机械工业出版社（北京市百万庄大街22号　邮政编码100037）
策划编辑：坚喜斌　　　　　责任编辑：坚喜斌　侯振峰
责任校对：史静怡　王明欣　责任印制：李　昂
北京联兴盛业印刷股份有限公司印刷

2022年9月第1版第1次印刷
145mm×210mm · 9.25印张 · 1插页 · 173千字
标准书号：ISBN 978-7-111-70887-2
定价：69.00元

电话服务　　　　　　　　　网络服务
客服电话：010-88361066　　机　工　官　网：www.cmpbook.com
　　　　　010-88379833　　机　工　官　博：weibo.com/cmp1952
　　　　　010-68326294　　金　书　网：www.golden-book.com
封底无防伪标均为盗版　　　机工教育服务网：www.cmpedu.com

为了

西德妮

我的母亲

我的母亲的母亲

我的母亲的母亲的母亲

我的母亲的母亲的母亲的母亲

……

## 致读者的信

亲爱的读者：

　　最初想写这本书时，是心中的愤怒坚定了我的想法。我心中除了愤怒，还有如火山喷发般的狂怒。

　　过去几年中，我深陷自己曾受过的创伤。我径直走进了那场风暴，忍受他人对我的骚扰，还有伴我长大成人的文化所带来的窒息感。这种文化告诫我要低声下气，不要发出我的声音，不要谈论我的精神、我的抱负、我的一切。

　　我深陷其中可能还要持续很多年。我花了40年才敢于面对这种盛怒，而要从中痊愈可能还需要更长的时间。对我而言，揭开其面纱是一种重生，过去、现在、将来都是如此。

　　当我终于能坐下来开始写作时，头脑中有一个声音让我再等等。为了写这本书，我要尽量找到一个更安静的地方——一个更宁静、更柔和的地方。我的愤怒可能对读者没什么用，还可能会吓到读者。我头脑中的声音听上去就像一位一本正经的老师，它对我说："愤怒不太适合你，也不会帮你卖书。"

　　但是，还有一个更大、更清晰的声音，它告诉我读者需要听到我的愤怒。事实上，本书要讲出我的狂怒、盛怒和反抗。本书的写作就是为了发声。

当写下这段文字的时候，我的心跳在加速，由此我明白了我要讲的是千真万确的事情，而您和我将通过这些事情建立联系。如果您并非感同身受，也许我们在此相遇的时机还不成熟。

您对本书的好奇说明了很多东西。它让我明白：您和我一样，虽然彼此都一身疲惫，但对于完善自我仍然充满了激情。它让我明白：您正在生活中退缩，至少是有所退缩，而且您可能害怕承认这一点。它让我明白：您心中有一团火，它可能是一团猛烈但无声的闷火，也可能是一团被浇上了汽油的熊熊烈焰。它让我明白：您或许准备把这该死的一切烧掉，从头来过。

毫无疑问，它让我明白：您希望自己的生活中还能有些别的东西，您希望有所改变，而且您希望这种改变从您自身开始。

也许您已经读过很多自助类书籍，也许您拿起本书是因为您听到了它的召唤。不论怎样，如果让我大胆猜测一下，您肯定有所渴望，而如果有所渴望，您就会希望有不同的感受。您希望填补内心的一片空白。您的底线就是：希望自己的生活中还能有些别的东西。

与此同时，改变自己的生活总会遇到很多挑战。除了这些挑战，人们还认为女性不应喧宾夺主、要以他人为先、要让他人称心如意。为此，我们女性就要以自己的价值观、愿望和梦想为代价。很多时候，我们甚至都没有意识到这一点。但是，在潜意识之中我们对此心知肚明。它表现为怨恨、不分场合、大肆宣泄、负面的自我对话、非必要的道歉、取悦他人、看人脸色等。这种感觉糟透了。

2018 年，我的第二本书《如何停止不开心》（*How to Stop Feeling Like Shit*）得以出版，书中记录了我刚刚提到的种种事情。对于过去 14 年中曾与我共事的几千名女性以及我自己来说，这些事情早已司空见惯。我们不遗余力地扭曲自己，希望自己成为别人臆测或期待的样子。例如，不要让别人太难过，不要没事儿找事儿，永远不要闹腾。

我们遵守这些"规矩"，因为我们不想被排斥。我们希望融入、被喜欢、被赞同。我们做这些事情，因为我们知道这些事情非做不可。奇怪的是，这竟然成了人们觉得舒心的事情。

但是，更为糟糕的是，养育我们的文化让我们做这些事情，而且无论发生了什么，我们永远都是还不够好。

通过与那些希望过上更美好生活的女性一起共事，我了解到以下事实：

对于女性来说，摆脱那些对我们再也没用的行为，放弃那些让我们感觉已经崩溃但仍然认为是自己还不够好的核心观念，围绕我们的愿望开始行动，就是一种发声的行为。

很多女性认为，没信心去追求自己想要的东西是因为自身有问题。我受够了这种该死的想法。女性害怕开会时或受到伤害时为自己发声。我受够了这种现象。

我也受够了以下情形：人们大喊着"女性力量"，跟女性说她们想做什么就可以做什么，但事实上如果我们想找到自己真正的方向、过上最好的生活，我们必须从一开始就一边完善自我一边回击造成这一问题的文化。这并不是两场完全不相干的对话。为了促成我们自身以及子孙后代的改变，我们必须这样做。

我们发声，是为了所有因为自己的衣着或大嗓门而被评判的女性，是为了因自己的性选择而被八卦（无论这种八卦是否真实）的女性，也是为了被迫认为自己很丢人甚至不是人的女性。

如果您曾经觉得自己的生活是一场艰苦的斗争，如果您曾经被无视、被骚扰、被侮辱或被不当作人看待，我们发声也是为了您。关于上述现象，我想说"这是不可接受的"。有时候，人们可能觉得这太费时间。人们会问：要做的事情还有那么多，目前有没有取得任何进展呢？

事实上，我们正在取得进展。但是，除非我们忘却最初学到的谬论，否则我们无法完善自身或激励女性赋权。这些老一套对我们行不通，对以后的女性同样行不通。

本书并非一本有关如何粉碎父权制的女性主义理论图书。本书并非让您闹个天翻地覆、对老板大吼大叫或甩掉老板、离家出走开始新的生活，尽管有时候您也许想做这些事情。本书并非为了介绍某个女性主义积极分子。如果您已经是或希望成为这样一个积极分子,那当然很棒,即便您不是女性主义积极分子也毫无关系。本书并不是一本有关过上最好生活的捷径的书。本书将帮您看清生活中的那些绊脚石,帮您跟那些无用的东西划清界限,帮您找到正确的前进方向以及最好的自我。

然而,如果您争取空间、索取自己所想、不积累信心就采取行动,实际上就打乱了父权制的叙述,您也就成了一名女性主义积极分子。**毫无疑问,女性赋权就是一种反抗行动。**

现在我们该向前迈出一步了。这一步将从您所在的基层开始,从说出您的愿望、发出您的声音、说出您的生活开始。

写这本书是为了发出斗争的号召令,也是为了帮您忘却别人跟我们讲的所谓的真相。我保证,您将在这些章节中看到自己的影子——或者是您自以为无人知晓的生活中的点点滴滴。

我可以提醒您,事实就是如此。没有彩排或返工。今天或者说每一天都是您生活的开始,要怎么过都取决于您。您要做的就是抓住这一渴望,相信您有权创造您想要的东西并采取行动(即便只有那么一刻)。正是基于这一点,本书希望成为您最非凡、最了不起的生活的指路明灯。

**拥抱您、激励您、为您发声的**

**安德烈娅**

# 如何充分利用本书

要想让您的生活发生改变,您就必须改变自己的生活。虽然这听起来不言而喻,但您或许会感到惊讶:很多人并不清楚要获得自己想要的东西或生活必须采取多少行动。因此,在接下来几章当中,我将详细探讨具体的行动。

当刚踏上自己的个人发展旅程时,我会阅读大量个人发展方面的书籍,并在空白处写下我朋友和前男友的名字。我认为,就他们的情况和问题而言,只要他们做出改变,他们的生活和我的生活就会更好一些。换句话说,我喜欢"改变"这一理念,而且我特别喜欢别人的改变。我花了大约10年才意识到:我希望改变自己的生活,而且我必须改变,也必须自己实现这些改变。

因而,我假设您拿起本书也是为了改变自己的生活,至少您希望养成一些能给您带来更多快乐、自信和安逸的新习惯。

但是,当讨论我们身处的文化、审视我们所处的环境时,我们必须先自觉地忘却别人教给我们的东西才能学会新的东西。忘却那些嵌入我们身心的东西,我们才能继续前行,成为更好的人。忘却将贯穿于本书所有章节，因为不论您是 25 岁还是 75 岁，您身上都已经植入了很多的观念、习惯和所谓真相。您要有所改变（我认为您的确有此想法），就离不开忘却。

### 忘却

鉴于忘却主要是指忘却我们此刻觉得生来如此的东西。我设计了一个框架，以便于您理解所有话题。每一章都有一个包含四个步骤的文本框。为了忘却卑微、唯唯诺诺、以他人感受为先的做法，您应遵循以下指导方针。另附事例若干。

嘿！在您加入之前：我要先与您面对面，看着您的眼睛，扶着您的肩膀。

对于我们要探讨的东西，您也许一无所知，也许有所了解。也许您对于我要说的东西已经有了深刻的认识，也许您要从头学起。不论怎样，忘却很有可能要花一辈子的时间。明言的或未明言的"在这里就要这样"的规矩受到了质疑。也许我们在此前的一段恋爱关系中、家里或工作中对此有所体会。我们的底线是，从您对生活规则感到不快、觉得"这糟透了，我不玩了"的时候，您就需要开始忘却。

不论您处于哪个阶段，让我们开始努力吧。

#### 忘却的四个步骤

第一步：注意

我一向认为，把问题先讲出来才有可能解决问题。如果您不知道哪里乱了，您是无法进行整理的，所以我们总要先搞清哪里乱套了。

这就好像我们需要清洁的房间，但是把灯打开后，我们才开始注意到里面的情形可能令人不快。我们会意识到我们所呼吸的空气也要求女性低声下气，而很多时候我们置身其中却浑然不知。

当您阅读本书，开始注意您自己的行为或忍气吞声时，我支持您这种注意。您可以告诉自己"这很有趣"或者"这真发人深思"，但您无须赋予它们任何实际含义。第一步就是为了知晓正在发生的事情。

在每一章的注意阶段，我都希望您写写日志。您可以找一本空白笔记本或练习册，这有助于您轻松读完每一个章节。此后，您可以用自己的方式处理每一章中的四个忘却步骤。

**第二步：保持好奇心**

开始注意自己的行为后，您只需对其保持好奇心。想象一下，如果您打开壁橱或查看自己所有的口袋，您会发现什么？谁知道呢！我们还是不做任何预期好了。也许您会发现一张100美元的钞票，或者一块嚼过的口香糖。不论怎样，里面肯定会有些东西。保持好奇心是为了提出以下可以深入思考的问题，比如：

我想知道自己为什么会这样想？
真有意思，我因为她的穿着对她评头论足。这是怎么回事儿？
我跟伴侣吵架时为什么会那么刻薄？这里面还有些其他事儿吗？
我假定自己的愿望不能作为优先事项，这是不是有些奇怪呢？
我想知道我为什么不能跟父母谈这件事？
我为什么那么容易被这件事惹火？是我的原因还是其他原因？

作为人，我们都希望每件事都做得正确。我们会因此获得必然性和控制力，而必然性和控制力又会带来安全感。当我们得出结论或做出假定的时候，我们给某件事画上了句号，从而感觉良好。

不过，有时候我们对于必然性和控制力的不断需求可能会阻碍我们成长、了解自己和他人、做出对我们更好的行为。

当我们引入了好奇心之后，就打破了评判的模式以及有关我们自身、他人、不同状况、以往、未来或者说一切事物的假设。您猜接下来会发生什么呢？您可以改变您的生活。

我的朋友伊丽莎白·迪亚托（Elizabeth DiAlto）问了一个很棒的问题。这一问题包括两个部分：我的身份和真正的自我是什么？在您即将读到的多个章节中，我们会多次谈到这一问题。这一问题会让您审视对自己的期待、"规矩"、长大成人过程中的存在之道以及您究竟想成为怎样的人。有时候这两者并无区别，但很多时候它们又各不相同。

一旦开始注意自己的反应并对它们产生了好奇心，您就可能有所领悟。例如，如果您觉得自己身上存在某个问题，绝大多数人都能看到这一问题，而只有您自己不知道，请问问自己："如果事情并非如此呢？"或者"我想知道如果我不相信又会怎样呢？"我并不是要您按下暂停键、马上相信事情并非如此，只是请您就"如果事情并非如此"做一番思考。或许您更倾向于改变，或许您不希望对自己太严苛，或许出于某个我不知道的原因……这样会不会感觉好点儿、开心点儿？

好奇心让人头脑清晰，此外，它还具有改变您生活的能力。它使您能够从千里之外看待自己的问题，这有助于您将确定性和情绪因素排除在外。基于此，您可以转换视角并学会一种新的生活方式。

第三步：自我同情

意识到自己参与了一个让自己卑微的体系或承认自己压制其他女性（以及我们自己）会带来一种副作用，即内疚、耻辱、愤怒或难以统计的其他负面情绪，这种副作用又会让您对自己苛责不已。您可能会想"我怎么会一直带有这类无意识情感和评判？我怎么可能这么有眼无珠？"而且，无论您有什么样的感受，您一定还会感受到它们，而我也会一直提醒您这些感受都没什么问题。

因此，您应当全神贯注于您的感受。我想提醒您的是，这是自我同情过程的一部分。但是，如果我们打算忘却我们几十年来学过的东西，如果我们打算塑造一种有关自身以及其他女性的全新叙述，全神贯注于我们的感受并不能引领我们走向完善或赋权。事实上，这样做从来都行不通。

请记住：我们的目标在于创造一种有关我们作为女性、作为今天的我们以及可能的我们的赋权叙述，让您从习惯于接受顺从的"盒子"里走出来。这样做可能会颠覆您的认知、让您更理解或不再理解您的母亲、让您质疑其他女性的意图，在此期间可能会出现各种想法、情绪和问题。也许您此前已经经历过这一过程，您已经完成了重头戏，但我相信这一工作从未彻底完结。事实上，也许您对阶层、种族、能力或性取向还存有某些无意识的偏见。无论怎样，过于自责会让您陷入困境，对相关状况感到绝望。

这事儿想起来让人觉得有点儿讽刺。我们所处的文化说我们做得不够、我们需要做更多的事情、成为更圆满的人、拥有更多的内涵。如果我们在学习如何对抗这一文化的过程中过于自责，那就像向施暴者学习再反过来用在我们自己身上一样。因此，我们不要这样做。

对自己网开一面吧。要知道，您是一个人，您是环境的产物。

第四步：保持动力

一旦您开始注意、保持好奇心，甚至开始拥有自我同情，您就会了解很多新鲜事物，这非常棒。现在，您需要给自己动力。动力会起起伏伏，很多时候这一进程需要一次次重新开始。

保持动力需要我们探讨忘却和学习，因为改变不会无缘无故地发生。您可以跟您的治疗师、朋友、家人、孩子、面包师、烛台制造商探讨，实际上您可以跟任何人探讨。我并非建议您把所有人都纳入您的新思维方式（这可能是个人成长过程中的一种副作用——招人进您的俱乐部）。换句话说，这不是为了说服别人接受您的新方式，它更多的是为了对话。

举例来说，如果您开始注意到自己对无须道歉的事情道歉并有意识地练习停止这一行为，当您下次准备道歉时，就可以大声说："我正准备道歉，但我意识到并没有这个必要"。显然，每个状况都是独一无二的，有时候最好的做法就是只跟自己的伴侣、朋友或合适的同事进行练习。

我的客户特雷西（Tracie）遇到了一个有关如何在与人共事时保持动力的例子。每年特雷西都会跟一群朋友去度假。她告诉我说："每年出发前6个星期,我就会收到群发消息,而女伴们都在谈论要减掉多少体重才能穿上泳衣去海滩。我受够了这种对话。我受够了同自己的体重做斗争,也受够了我那些漂亮的朋友们为自己的体重感到不安。她们非常聪明也非常漂亮,不应该有那样的对话。"特雷西已经看到身材在自己的大脑中占据了太多空间。她对这一点产生了好奇心,并就此采取了一些行动。她已经尝试过自我同情,现在该进行一番探讨了。她要做的是告诉她的朋友们:"嘿,你们觉得我们今年做点别的事,别再纠结自己的身材,怎么样?我非常在乎你们,所以我无法再保持沉默。"对某些女性来说,这就像一场革命。不要只为饮食文化服务,要为服务于彼此而发声。

要记住,在您向旧格局进行挑战的这一过程中,您发现的某些问题可能要求您在情绪方面克服一些"难关",我建议您寻求治疗师、导师或顾问的帮助。只是,这个人应该受过良好培训,有资格帮助您应对那些棘手的话题。这些有关我们是谁以及我们价值观的陈旧观念可能造成您听都没听过的创伤。还是那句话,为了您的成长,您需要在日志中记录此类想法。

## 特别注意

本书很多地方都会探讨女性的教化或社会化问题。我明白,女性受到的教化和社会化并不完全相同,其中发挥作用的因素也有所区别。种族、阶层、能力、出身、家庭价值观等都会影响我们为人处世的视角,并促成我们的思想、信仰、观点和行为。

鉴于此,绝大多数情况下,我只能泛泛而谈。为避免重复,我只会在少数地方提及这些细微差别。不过，在您阅读本书的过程中，请不要忘记女性之间的确有所不同，不存在某种特定方式。

最后，我会尽量选择一些能够代表众多女性的例子。但这些例子并不是一个整体，因为每个例子可能与特定的种族或身份群体有关。

### 认识你自己

人们对于"认识你自己"这一短语的起源及其确切含义颇有争议。像大部分事物一样，这取决于人们对该短语的解读。对我而言，对于自助，"认识你自己"就是为了认识你自己的盲点，就是为了足够自知，能够注意到自己正从事于己不利的行为。这并不意味着您会为此自责、从此永远改变自我或再也不会疏忽大意，而是意味着您可以尽最大努力随时矫正航向。

有时候，在我们阅读自助类书籍时，半途而废反而可能使自身产生更不好的感受，因为这些书上的话就像一面镜子，会反射出我们对自身感到不满的那些东西，而且我们也害怕别人得知这一情况。我们还有太多其他事情要担心。我不希望你们陷入此番境地。本书无意让您或任何其他人自责或羞愧。

本书有些章节可能会引起您的共鸣，而有些章节则不然。如同生活中的万事万物一样，拿走自己想要的，其余的不必理会。我只希望本书能成为您了解自己的一种方式。要从整体上了解这一文化、这一文化对您的影响以及您在这个世界上的形象、您如何改善这一形象，本书有望为您带来一种更好的方式。

# 燃烧殆尽

她用腹中那熊熊大火
召唤
那心中的真实

她用那魂中之烈焰
铭记
其身从何来

她用那心中之火
取信
身边一众女性

她用那灵内之火
照亮
彼身之焰

她用那眼中之火
把一切
烧个干净

她用那浑身之焰
去开辟
一段新径、一条新路、一种新生

安德烈娅·欧文

# 目录

致读者的信
如何充分利用本书
燃烧殆尽

## 第一部分　早就该做的那些事儿

### 第一章　争取空间 …… 002
　何谓"争取空间"？ …… 004
　我们为什么要发声 …… 007
　争取空间的成本 …… 008
　方法之第一部分：做内功 …… 010
　方法之第二部分：做外功 …… 013

### 第二章　尽情闪耀 …… 021
　担心自己风头盖过他人 …… 023
　被压抑的心灵 …… 026
　所需手段 …… 027
　继续闪耀 …… 028
　原因何在 …… 033

### 第三章　予取予求 …… 038
　女性为何不索取 …… 040
　两性关系何去何从 …… 047

友谊与工作 …………………………………………… 053
　　　她会怎样做？ ………………………………………… 056

第四章　拥抱挑战 …………………………………………… 060
　　　竖中指毫无用处 ……………………………………… 063
　　　生活的意义 …………………………………………… 064
　　　手段 …………………………………………………… 065
　　　关于自信 ……………………………………………… 069
　　　该死的恶性循环 ……………………………………… 071

第五章　看好钱包 …………………………………………… 074
　　　您被灌输的金钱观 …………………………………… 076
　　　不是您祖母的钱 ……………………………………… 078
　　　这不仅关乎金钱 ……………………………………… 082
　　　我们需要谈谈 ………………………………………… 084
　　　两性关系中的金钱 …………………………………… 086
　　　跟专家谈谈 …………………………………………… 087
　　　权力 …………………………………………………… 088

第六章　勿忘智慧 …………………………………………… 093
　　　我们为何无视自己的本能 …………………………… 094
　　　本能与创伤 …………………………………………… 096
　　　别胡思乱想 …………………………………………… 100
　　　手段 …………………………………………………… 101
　　　感觉踏实 ……………………………………………… 103
　　　冥想 …………………………………………………… 105

　　　　记日志 ·························································· 105
　　　　呼吸练习 ························································ 106
　　　　本能与恐惧的区别 ············································ 107

第七章　造就传奇　111
　　　　我们学到的东西 ··············································· 113
　　　　如何编故事 ······················································ 115
　　　　重要但常常被忽略的第一步 ································ 116
　　　　虚构与阴谋 ······················································ 119
　　　　后果是什么？··················································· 121
　　　　您何时会编造有关自身的故事？·························· 122
　　　　重构 ······························································· 124
　　　　开展对话 ························································· 129

第八章　学会坚韧　133
　　　　我们为什么这么迫切地希望冲出困境 ···················· 135
　　　　为什么韧性十分重要 ·········································· 136
　　　　手段 ······························································· 137

## 第二部分　不要再做那些破事儿

第九章　不要再盲目卑微 ·············································· 148
　　　　惩罚与奖励 ······················································ 152
　　　　女性赋权与自助 ················································ 154
　　　　我们也这么做 ··················································· 156

|  |  |  |
|---|---|---|
| | 关注度 | 157 |
| | 教导 | 158 |
| | 手段 | 160 |
| 第十章 | 不要再坐等自信 | 172 |
| | 努力 | 174 |
| | 自信为何重要 | 177 |
| | 自信的迷思 | 177 |
| | 手段 | 179 |
| | 何时开始 | 181 |
| | 了解自己的价值观 | 182 |
| | 成长与固定心态 | 184 |
| | 做出决定 | 185 |
| | 认同 | 185 |
| | 您的另一个自我 | 189 |
| 第十一章 | 不要再脱离生活 | 195 |
| | 谁在乎？ | 198 |
| | 棱角 | 200 |
| | 痛苦＝力量 | 202 |
| | 屈服 | 204 |
| | 改变您的观点 | 206 |
| | 感受并非您的敌人 | 208 |
| 第十二章 | 不要再空口抱怨 | 213 |
| | 让您的抱怨为您所用 | 219 |

| | | |
|---|---|---|
| | 如果问题没那么容易解决怎么办？ | 222 |
| | 尽情抱怨吧 | 223 |
| **第十三章** | **不要再不敬父母** | **227** |
| | 尴尬的事 | 228 |
| | 我们指责他人的原因 | 229 |
| | 手段 | 233 |
| | 义务又如何呢？ | 236 |
| | 您是掌控者 | 237 |
| | 看清自己的角色 | 238 |
| **第十四章** | **不要再顾影自怜** | **242** |
| | 我们为何把事情都闷在心里 | 244 |
| | 如果我们顾影自怜会怎样 | 248 |
| | 手段 | 249 |
| | 见证您的黑暗时刻 | 251 |
| | 如何交友 | 252 |
| | 现有的朋友 | 253 |
| | 告诉他人如何面对您 | 254 |
| **第十五章** | **不要再忽略自己** | **259** |
| | 弄清楚自己的快乐感觉 | 261 |
| | 沟通 | 264 |
| | 旁注 | 265 |
| **结束语** | | **268** |
| **致谢** | | **270** |

# 第一部分
## 早就该做的那些事儿

挺身而进

成就自我的勇气

# 第一章
## 争取空间

2009年,我在加利福尼亚州立大学圣马科斯分校攻读学士学位,当时我怀着自己的第二个孩子。在一堂课上,教授讲了一个公式,但全班同学绝大部分都不太理解。教授把这个当任务布置了下来,让我们分组设法弄明白这一公式。我问大家是否理解这个公式,结果谁也不懂。大家都认为我们需要更多帮助,但谁也不愿意开口去问。此前,教授已经不止一次解释过这个公式了。显然,谁都不愿意代表全班或自己发声。

教授宣布第二天要进行一个有关该话题的测验。此时我举起了手,说道:"教授,现在我们还不太理解这个公式。据我所知,我们谁都没掌握它。我们能再学一下吗?"

教授回答道:"安德烈娅,我们已经学了两遍了。"

我现在也不知道当时为什么觉得自己那时候需要挺身而出,也许是替全班发声,也许是因为那时候我的脚踝是肿的。总之,我拖着自己大大的孕肚从椅子上站了起来,深吸了一口气,说道:"教授,在过去的20分钟内,我一直尝试在我们班能找到一个理解这个公式从而能帮我的同学,但一个也没找到。对我来说,这意味着这个公式我们学得还不够,而且,显然不理解这个公式的不止我一个。我想代表全班问一下我们能不能再复习一遍。"

我永远也忘不掉我提出这一要求之后的那阵儿沉默。我看到很多人低头看着自己的书桌,好像谁都不忍看我或者教授一眼。那种不安显而易见。教授盯着我看了几秒钟,而我不知道接下来会发生什么。我开始对自己选择发声感到后悔。

我摇摇晃晃地走出教室,准备从此再也不修这门课了。就在此时,教授说道:"你是一位很强硬的女士。好吧,我们下节课复习,测验延迟。"

我非常怀疑如果是某个男生问了那个问题教授会不会说"你是一个硬汉"。谁知道呢,也许他会。在我们的交流过程中,我觉得教授没料到我会大声说出一个学生的感受,也没料到我会提出这样一个大胆的要求。

在此过程中,我也不无担心。我知道用自己的声音提出自己的要求是一种冒险。

也许您也曾遇到过这种情况,希望发声而且像我那天那样发声。或许您曾想发声、弄出一些动静,但并没有这样做。不论怎样,我几乎可以断定,在您生命中您肯定曾压抑了自己的分量。

或许您获得了晋升,想把这事儿发布在社交媒体上,但最终决定不这么做,因为您担心别人会认为您在自我吹嘘。或许在您上班的地方，有人讲了一个男性至上主义的笑话，您如鲠在喉而且怒火中烧，但还是决定什么也不说。或许您的家人经常打断您的话，而您每次都不了了之。

同样，或许您正在做一些畏畏缩缩、让您丢掉自己力量的事情，但您甚至对此一无所知。您已经对此习以为常，因为这些事情已经融入了您的日常生活，而您就像每天早上给自己煮咖啡一样盲目地做着这些事情。如果您有类似表现，让我们一起来探讨一番吧。

### 何谓"争取空间"？

从年轻的时候起，我们很多人都被别人指责"太过头了"，声音太大、太固执、太敏感或太情绪化、太胖、妆化得太浓、太这个太那个了。不论怎样，别人明说也好，我们心领神会也罢——实际上别人说的就是：我们敢于做自己就是错误。从不厌其烦地强调"做个淑女"的重要性，到务必把贞洁当作自己能够拥有的最尊崇的东西，再到尽可能少地出头露面，这些都是我们从小就开始学习的潜规则。

这种潜规则的苗头也许是他人竖起的眉毛、网上的一句尖锐评论或者让我们闭嘴的叫嚣。大部分女性一次又一次被告知要降低调门，或者至少要尽可能少地出头露面。

一个明显的例子就是用我们的身体去争取空间。大家都知道，我们生活在一个恐惧肥胖的文化之中，苗条被当作唯一可贵的身材类型，能够变瘦、保持苗条身材的女性才是成功的女性。

走在大街上，有男性接近时，女性很可能会让开，就好像交规规定了某个性别的人具有先行权一样。有关双腿分开坐的表情包数不胜数。要是有一场比拼撞到人、动物甚至无生命的东西之后谁最善于道歉的奥运会，女性轻轻松松就能拿到金牌。

在文化方面，人们有关什么样的长相可以接受、长成什么样算漂亮的看法非常狭隘。对女性来说，不知羞耻地秀自己的长相就是大逆不道。保持年轻是女性努力争取空间的另一种方式。我们一旦到了40岁，按社会上的标准，我们的价值就会大不如前，我们会越来越被人无视。在一个认为我们可有可无的文化中，作为年长的女性，用我们的声音、长相和看法去争取空间事实上是一种反抗行为。

对于想要争取空间的有色女性来说，她们的种族可能是另一个障碍。31岁的杰西卡·夏普（Jessica Sharp）说："作为一名千禧一代的黑人女性，我觉得自己必须考虑怎样在某个组织中抛头露面。我必须决定是否应该表现出完整的自己。我知道可能有人会说我令人畏惧或'过头'，但如果我是一个白人女性，就不太可能会遇到这种反应。我不得不在做自己和不太表现自己之间进行平衡，因为我常常担心会被人当作一位'愤怒的黑人女性'。我的年龄没什么用——有时候我觉得房间里的人都希望我再老实一点儿、再安静一点儿，因为我往往是整个房间里显得最年轻的，尽管别人跟我年龄也不相上下。"

情绪表达是女性让社会知道我们能接受什么、不能接受什么的另外一种方式。我跟很多女性谈过，她们告诉我这种特别出自本性的事她们不知道该怎么做。她们学会了麻痹自己的感受或者撇清关系。她们无法而且也不愿表达自己的情绪。她们已经成功地让全世界认定自己太情绪化或者太敏感。因此，她们把自己的感受塞进了盒子里，从而近乎将先天的自我表达全部排除在外。 然而，这种自我表达对她们的福祉以及她们的力量却至关重要。

最后，我们争取空间最好的方式就是自己发声。近来的研究表明，女学生更倾向于做一些事情，比如听了朋友讲的有关男性至上主义的笑话之后一笑了之，不让自己看起来太聪明（也就是说，课上少举手）从而"不会吓跑男生，不会显得恶毒或不性感"。这种心态和行为会持续到成年时期，直到我们形成自己的语言框架。这个框架将我们扭曲成我们觉得自己应该变成的样子：顺从、容易受控、不显山露水。

我有一个客户，她告诉我，在每周的工作会议上她有些希望分享的想法但往往闭口不谈。会议结束后，她会花几个小时的时间反复回想刚才的会议，回想自己本来可以说些什么或者会怎样讲，并为自己当时的沉默自责不已。一个又一个星期，她的那些想法和故事一直在大脑中盘旋，仅此而已。

# 第一章 / 争取空间

这些想法毫无道理。如果您也有这样的经历，这并不是您的错，我们这样做是因为我们受到的训练就是这样的。然而，事情不应该总是这个样子。

## 我们为什么要发声

您或许觉得以下事实一目了然或者很隐晦——我们都知道，在这个星球上要实现自己的目标我们就必须百分之百地表现自我，其中包括在这个世界上争取空间。

那么，既然我们了解了这一点，那么究竟为什么不去敲开自己的生活之门呢？

我们先看看在不太遥远的过去发生的事实。以前，为了幸存下去，女性不得不三缄其口、卑躬屈膝。我妈妈跟我讲过这样一个故事。她在20世纪60年代曾做过一份工作，当时她的老板经常沿着桌子追她而且说那样做"只是为了好玩"。但她知道，如果自己郑重地告诉他让他停下来，她可能会因此丢掉那份工作。那个时候，我妈妈是一位单身母亲，而且还带着我哥哥和姐姐，失业对她来说绝不是一个好的选择。

充分表达自我，以及违背文化、社会规范和标准是一件可怕的事情。我无意否认。从人的本性而言，人们都希望安全、希望被群体接纳，而不论这一群体是您的家人、朋友、邻居还是您的同事。恐惧无声无息地潜入我们的内心，让我们的行为变得卑微。

此外，您家中的女性可能曾因争取空间而遭受创伤，而您本人也可能如此。这种挫败的后果可能无关紧要也可能极其悲惨。我知道，争取空间这一理念起初可能会让人非常兴奋，但一旦付诸实践，它又会像一场即将到来的大冒险或者到目前为止您做过的最令人恐惧的事情。不过，您读这本书不是为了学怎样织童鞋。所以，我们马上开始吧。

### 争取空间的成本

争取空间究竟有什么重要性？您就不能安安稳稳地过一辈子，不捣乱，不冒险吗？是的，您可以，您可以这样过一辈子。但是，到了您清点自己的真实存在的时候，我希望您还能泰然自若。

之所以这样说，原因在于悔恨事关重大。我无法忍受"人生无憾"这种陈词滥调，因为归根结底，这种说法实际上是说我们永远都不应该犯错或为自己可怜的人生选择感到悔恨。就我个人而言，我很后悔没去澳大利亚留学，当时我没去是因为跟我约会的那个男孩（他当时32岁，不过，别误会，他当时的确还是个男孩）不想让我去。这一遗憾使我再也不会为了别人的舒服来做出人生决定。

悔恨事关重大。我曾经说过，人宝贵的生命只有一次。在此，

# 第一章 / 争取空间

请恕我直言,事后再后悔这事儿烂透了。走出会议室才希望自己开会时就说出自己想说的话,让别人抢了自己想说的话,这种事儿糟透了。最糟的是,人到了40岁,却只能看着那些20出头的人做着自己当年想做的事。现在,您应该知道悔恨是什么滋味了。

谈到存在、力量、权威,没什么比您自己的存在、力量和权威更为重要了。所以,如果您打算争取更多空间但又决定罢手……想想您会后悔什么吧。考虑一下以下事实:您此生对争取空间说不,就是在对自己说不。

您不争取空间、拥有自我,还会造成另一个问题:您会为人生中其他女性树立一个负面典型。我有一个女儿,我知道她在看着我、在学我。除了我对她说的话,她也在关注着我的行为和我做出的选择。无论您有无子女,下一代女孩至关重要,而我们的行为会造就她们的未来。

不争取空间造成的最大损失也许并不明显。它不会像一记耳光打在脸上那么明显,它更像一种能够将您的灵魂之家慢慢焚烧殆尽的隐痛。我们压抑自我、压抑自己的声音和生活,实际上就是在违背自己的价值观。

如果您对个人发展有兴趣,即便您只是想浅尝辄止,对您来说,重要的事情就是要利用好生命给予您的一切。这并非一个您进入派对后的自助规则,而是一个您完全懂得生命的圆满取决于对人世时光的敬畏之后的副产品。这意味着,对您重要的东西——真实、诚实、正直或勇气——应当在您生活的各个方面得到表达。您活到今天不是靠贬损自己的存在或"凑合"等性格。您来到这个世上不是为了束缚自己,而是为了有机会闪耀自己的光芒。也许,如果一切顺利,您也可以过上美好的生活。

我将争取空间的方案分为两个部分,每个部分给出了三条建议。首先,从做"内功"开始,做一些需要注意、自知以及反思的事情。然后,做一些"外功",即采取行动。我不希望您还没解除已经习惯的东西就冲出家门,大发雷霆。慢慢来,承认争取空间可能会让人不适,不过,它最终会有利于您实现最完整、最了不起的自我。

## 方法之第一部分:做内功

### 1. 清点

首先,注意您卑微的表现。我们必须从这里出发,因为从年少时别人就要求我们习惯如今的很多卑微行为。

最近,在自己家中,我有一次顿悟的经历。在工作中,我倡导要以己为先,而且我对自己如此行事深感自豪。我懂得照顾自己,甚至找时间培养了一个新的爱好(除了养育两个孩子,我还养了47株盆栽)。然而,随着自己事业的发展,我发现自己感到精疲力竭。我觉得疲倦而且易怒。没错,我意识到,我的确以自己为重,但我同样也以家中其他人为先。我让自己"大包大揽",以让所有人在精神上、情绪上和身体上心满意足。

我必须要做的就是彰显自己的声音和安康。有生以来受到的教化让我以自己的安康为代价,来确保家中其他人都心满意足。作为一个母亲,做一个"好女人"的代价就是精疲力竭。我越疲倦,越忙个不停,越为了其他人东奔西跑,就越显得自己做得棒。但是,这样做的代价就是感觉生活向我逼近而我对此非常恼火。这种怒气被我带回了家,这对家人来说并不公平,因为他们从未要求我为了他们而牺牲自己。

如前所述,我必须彰显自己的需求。按照以往的方式行事,我让女儿和儿子见识了如何当一名妻子、如何当一名母亲,但也因此渐渐磨灭了自我。我希望他们两个都知道:希望其他家人自己照顾自己、开展团队合作,而不是自己东奔西跑、把照顾好一切当作自己的人生使命,这样的女人也可以算是一个"好妈妈"。

此时此刻,我并不是让您拍案而起或者变得更合群。我希望您要注意让自己以及自己的生活低人一等的做法。

2. 缘由

其次,既然您已经清楚了那些让自己卑微的行为,那么就想想最初因何而起吧。

您低三下四、委曲求全,谁会因此获益呢?您不声不响,谁会因此获益呢？您是否曾经希望提出晋升请求但话没说出口而被轻视呢？或许也就是一些看似无关紧要的小事，比如您旁边和您一起坐飞机的人全程都占着座椅扶手？或者，也许谁都没有因为您的低三下四而直接受益，只是这么多年以来您历来如此，而您已经对此甘之如饴了。举例来说，您打算创业，您只需接近对方就可能让对方变成您的客户，但您为此要远离自己的安乐窝。因此，您一拖再拖，把大把大把的时间都用来刷社交软件。您这样做，谁都没因之受益，但显然您刻意违背了自己的内心。

3. 质疑您反对的理由

最后，质疑您反对争取空间的理由。作为一个正常的人类成员，您害怕出头。现在，请您把这种担忧丢开。是的，别人会对您评头论足。的确，人们会因为您喜欢展现自我、不随大流或更明目张胆而说三道四。没错，会有人不同意您的看法，会有人提醒您注意您的转变，也会有人因为您的争取空间而非常不爽。

您的目标不是为了避免这些东西。事实上，如果您惹到了他人，就算做对了。您的目标是获取生来就有权得到的空间。您自己的生活要自己把控。如果有人说："她觉得自己是谁啊？"您回答说："混蛋，我是自己的主人。"即便您这样回应真的不合适，您至少也要有所表示。

第一章 / 争取空间

您自作聪明地想出的另一个反对理由是担心栽跟头。如果自己在工作会议上发声表达的那个观点砸锅了怎么办？如果穿了一套崭新的衣服结果人家觉得我寒酸怎么办？如果自己决定毫不保留地表达自己的情绪但伴侣取笑怎么办？

还是那句话，这些事情都有可能发生。一生中任何人都可能有被人教训的那么一刻。人生来就需要一些韧性（见第八章）。谁也不会因为遇到一点儿尴尬、侮辱甚至羞愧就不活了。但是，如果您每天都这么自乱阵脚，您的灵魂就会慢慢枯萎。

## 方法之第二部分：做外功

既然您已经就这一话题审视过了自己的内心，我们来看看您在日常生活中可以做些什么。

### 1. 用您的身体和长相争取空间

如果您知道自己有以下行为，如坐飞机时会把身体蜷缩在座位上而不会去争取自己身体实际需要的空间，或者别人没听到您说"借过"时试着从人群中挤过去而不大声提醒对方，那就专门拿出一个星期来刻意为自己的身体争取空间。无论您在什么地方——火车座位、拥挤的电梯或人行道，您都要拿出自己开车时坐在座位上的态势。

您的身体姿态很重要。您或许听说过埃米·卡迪（Amy Cuddy）的研究，只要摆出统治性、有能量的姿势（"能量姿势"）

两分钟，您的睾酮水平就会上升，而皮质醇水平就会下降，冒险的想法就会增加，而您在求职面试中就会有更好的表现。换句话说，摆出"神奇女侠"的姿势、"抬头挺胸"，斜靠在椅子上，或者双脚放在桌面上（开工作会议时个人不建议这样做），您就会觉得自己就是老板。

练习用自己的身体、长相、情绪和声音争取空间还有一个方法，即成立一个"董事会"。这是我同事苏珊·海厄特（Susan Hyatt）教我的一个方法。想象您能够指定一个对您进行管理和指导的人，这个人完全为您着想，无论您何时害怕争取空间或茫然无措都可以找这个人寻求帮助。这个人可以是真实的也可以是虚构的，还可以是您羡慕其身份、行为或争取空间方式的人。

说一下我的董事会成员：詹妮弗·洛佩兹（Jennifer Lopez）、比利·琼·金（Billie Jean King）以及神奇女侠。想对某个大项目提出自己的建议但感到害怕时，我就问自己："如果詹妮弗·洛佩兹遇到这种情况会怎样做？"我一清二楚，洛佩兹可能会紧张，但她会提交建议然后开个舞会。因此，我也就这么做了。最好的你需要你去争取空间。詹妮弗·洛佩兹跳、演、唱样样成功，靠的可不是畏缩或让恐惧占上风。接近您仰慕的人，这很重要，这也是一个很棒的提醒自己最好的自己不过就是每天都做出一系列勇敢选择的自己。

也许您的董事会成员包括米歇尔·奥巴马（Michelle

Obama）、圣女贞德（Joan of Arc）或者鲁斯·巴德·金斯伯格（Ruth Bader Ginsburg）。您的董事会不接受任何人的评判，其成员可以是您希望成为您导师或向导的任何人。做一个您董事会剪贴画的视觉板、在您手机上做一个拼贴画，保存为您的屏保、跟朋友说一下，这样在您不知所措时就可以提醒自己还有个董事会。

2. 用您的情绪争取空间

长期以来，人们一直在告诫女性她们的情绪会让她们歇斯底里、恣意妄为。当然，有时候情绪会压倒最好的我们，但绝大多数情况下，人们对女性的成见就是她们无法控制愤怒或沮丧这种强烈的情绪。

情商很重要。它教会我们要使情绪为我们所用、了解它们、培养有关情绪的自我意识和自我管理，并以同理心和有力沟通来培育健康的关系。我并不是说可以让自己的情绪信马由缰，或者让它们接管您的思想、言语和行为。如果您这样做，您可能一个朋友都没有而且可能会丢掉饭碗。

不过，想想您有多少次压抑自己的情绪。有多少次为了让别人觉得惬意，在自我、两性关系甚至个人表达方面出现障碍。在一个把隐忍当作打个喷嚏一样自然无害的社会，不知为何，人们开始接受愤怒和沮丧这样的强烈情绪都有错的观点，尽管这样的情绪并无过错。事实上，它们是自然而然的东西。人类学家告诉我们：情感和情绪有助于我们存续，是进化的组成部分，而且与自我意识、自觉意识以及同情他人的能力密不可分。

首先，判定自己何时何地屏息自己的情感，以此为踏板，在这些方面多表达自己。例如，如果您对工作中的某个问题感受强烈，但是由于担心被人认为太夸张或太过激，您在会议或对话中会压抑自己的感受，那就请您放开手脚。拿出您的激情和热情，让您的身体引领您，让您的话语传达信息，让您的能量表现出您对自己充满激情的东西的渴望（详见第十章有关自信部分）。

在两性关系中，您更要前进一步，允许自己表达自己的情感。如果您往往抑制自己的泪水、悲伤或崩溃，那么现在就让它们自然流露。如果您感到开心，就站在屋顶大声喊出来。如果您对自己实际上非常在乎的东西表现冷漠，您不仅是在否决自我、自我矮化，而且也让自己显得无足轻重。您的情感和情绪都很重要，值得表达（有关如何表达情绪，详见第十四章）。

3. 用您的声音争取空间

撒手锏：用我们的声音争取空间。这并不是说要大声喧哗，除非您生来就是大嗓门。我要说的是，您要懂得您的话语和表达非常重要。

我们先谈谈打扰。不论谁打扰您或者什么时候打断您，这类问题都应该加以解决。解决这一问题有若干方法。在您讲话

# 第一章 / 争取空间

时，如果有人打断您，您可以继续说下去，完全无视这一扰乱。您也可以说："请让我说完。"您不失礼貌，同时也证实了他们打断了您的话，并明确地告诉了对方您还没有说完。

这也有助于帮助那些被别人打断讲话的女性。有一次，我和两个同事出席了一场集思会，会上一位女士打断了另一位女士两三次。会议结束后，我问那个被打断的女士是否注意到自己被别人打断过，她说没有。显然，她已经习惯了讲话时被人打断的情况。我非常郑重地对她说再也不要允许出现这种情况了，可以非常优雅地对那个打断你的女性说："我还没说完！"或者"等等，你刚才说什么？"这就是用您的声音争取空间，并帮其他女性也做同样的事情。

您的观点很重要。请允许我再次重申：您的观点很重要。我承认当前我们所处的环境可能让人觉得紧张和危险。在社交媒体上或跟陌生人分享自己的观点，或许不是多用声音表达自己观点的首选方式。先从家人、同事和朋友开始吧。

很多很多次，我们告诉自己要先研究好所有的反证，以防万一有人跟我们看法不同。这样是不对的。没有谁因为没能一锤定音或觉得自己的论证无力而丧命。如果您有个独特而重要的观点，作为一名团队成员、雇员、伙伴或有生命的、能呼吸的人类，您就有义务发声。最糟糕的情况无非是您学到了新的信息，从而改变了自己的看法或者因此了解到了可以深入研究的信息。一个与您的观点对立的观点可能给您带来的被挑战的感觉也只是一种感觉而已。对您的精神而言，长期完全不表达自己的观点、保持沉默要比被人挑战的感觉糟糕得多。

多年前，有一次我跟一个网友去约会。在电子邮件中，在电话里面，他都极其有趣，我都等不及要跟他见面了。在饭店我们相对而坐，他跟我讲了一个让人癫狂的故事。听到某个好玩之处，我冷不丁地回应，大声笑着说"你赶紧闭嘴吧"，之后继续笑个不停。他马上拉长了脸，说："你这么好、这么漂亮的一个人，不应该这样说话。"

我的第一反应是惊讶、愤怒，还有羞耻。当时，我心中暗想："哎呀，那你要登上时光机器，回到1950年去找个老婆了。"不过，我既没进行尖刻地回应，也没温和地表示异议。相反，那晚我跟他住在了一起，而当时我并不怎么想这样做。很久之后我才意识到，我常常放弃自己的能量。那次约会时，我把自己的能量打上了一个漂亮的蝴蝶结，然后一股脑地交给了他。

如果您去约会，或跟一个新同事或任何人谈话，他们对您评头论足，但他们所说的东西一无是处，请您千万不要再犯我犯过的错误。简单的回答就是"我不认同这一观点"，脸上不妨挂着微笑。或者，您甚至可以说："谢谢你跟我这样说，这件事情我是这么想的……"那次约会时我没进行回应，因为：其一，他对我条件反射式的评论的反应让我有些诧异；其二，我还是希望他能喜欢我，不知道该说什么才能挽回面子（尽管此后我不再喜欢他了）；其三，我害怕与他意见不合会使他不安。

另外一个能说明我们观点的重要例子就是医生办公室。首先，告诉医生自己的症状后，女性比男性更容易受到冷遇，很多时候女性甚至为此干脆不去看医生。其次，您最了解自己的身体，但有时候会事后猜测自己的症状或担忧。您必须倾听自己的身体。我们的身体是我们自身最聪明的组成部分，只要我们倾听，它就会给我们发出信息。告诉医生您的身体出了什么状况，如果您觉得被无视，要表达出来。如果还是没什么改观，就换个医生。还是那句话，您的观点很重要，事关您自己的健康时尤其如此。这就是争取空间的意义。

寻找会如此行事的其他女性，跟她们友好相处，在社交媒体上关注她们，阅读她们的博客，收听她们的播客，融入她们的能量。我们都听说过："有所见方能有所为。"这极好地表明了我们需要多做的事情—生活中女性要理直气壮地争取空间。

## 忘却

**注意**。闪亮登场和争取空间感觉都像完全转变自己的身份。注意您抵触的是上述哪些建议，那或许就是您应该开始转变的地方。例如，如果您对于更勇于表达自己的观点感到畏缩，就要对其加以注意并保持好奇心。我不是说您要立刻并彻底地改变您的生活，但要有所进展，您首先要有所意识。

想一想在生活中您对哪些事情感到悔恨。是自我矮化、不敢争取空间吗？想一想自己什么时候没有用自己的身体、外表或情绪来争取空间。这不是说让您做一个不同的自己，从而争取空间。您要了解真正的自我，您也许害怕争取空间会带来某些后果。

**保持好奇心**。既然您已经弄清楚了您在生活中哪些地方会尽可能地不争取空间，那就问问自己：这样做的必要性何在？您在哪里或从谁那儿得到了要这样做的信息？您的成长被设定成了什么模式？

您是否对勇于争取空间的女性有所评判，如果是，你的评判是什么？您不争取空间要付出何种代价？对于争取空间,您的担忧是什么？

**自我同情**。开始注意并想弄明白自己什么地方可能没有去争取空间后，您也许会发现自己因为曾经浪费时间、现在"应该"做什么或其他灵魂拷问而自责。这就是成长，而有时候这可能是最难的一步。如果您因此情绪低落，不要忘了：好消息是您现在已经知道了。现在您已经知晓，因此您可以使用已有的手段（还会有更多的手段）在这个世界上争取空间，因为我们需要看到更全面的您！

**保持动力**。如前所述，您首先要了解自己在生活中哪些地方可能"卑微"。列一下清单，回顾一下以往那些点点滴滴。例如，您为何那样做——为何您觉得不争取空间、不展现更多真实的自我更为安全，勇敢地去追求您希望得到的一切，付诸行动并拥有这一切，然后逐渐消除旧的观念体系。您不要指望一蹴而就，一次一个旧观念，一次一个老的行为，这样才会在您希望的方向上创造出更多能量。

"争取空间"对您可能与对另外一个女性有所不同。您必须亲自来定义。只要您感觉舒服，那就对了。

## 第二章
## 尽情闪耀

"她觉得自己太性感了!"

有一次,我坐在马路牙子上,我的朋友安波(Amber)一边慢慢地骑着自行车兜圈子,一边给我讲我们读四年级时的一个女孩的事情。我记不太清楚她说的到底是谁了,但我清楚地记得自己觉得惭愧,尽管她当时说的并不是我。就在那一刻,我深深地懂得了认为自己性感是一件我们不应该做的事。当时,我不希望任何人觉得我性感,当然我也不希望任何一个朋友会像安波谈论这个"性感的女孩"那样谈论我。

这段对话深深地烙在了我的记忆之中,与之相伴的还有恐惧。我跟朋友进行这场看似无伤大雅的交流时,我们大概9岁或10岁,但当时我头脑中就编好了一个故事。故事的内容就是,争取空间、自信行事以及引人注目都是坏事,会招人厌。而且,我们女孩子就不应该喜欢这种行为,而是否谈论彼此,尤其是谈论别人是否"卖弄性感",则取决于我们自己。而且,我们应该确保自己了解该走哪条路,但绝不要进入会让自己被排斥的领域。

我有很多此类不起眼的经历，它们都在我还年幼时就告诉我：我们不应该表现得希望引人注目或我所说的希望尽情闪耀。由于我们年幼时就学会了这些，这种叙述可能会伴随我们一辈子。在我们身上这种小插曲每天都有，而且其本身可能看似无害。再加上我们毕生所接受的大量信息，此类状况告诉我们要按照特定方式行事。卑微的结果会体现于我们的工作和友谊之中，甚至在我们陈述自己的目标时也会显露无遗。我们在脑海中默默思忖自身、与他人谈论自己时这种结果会不请自来，而且也会作用于我们的恋情中。换句话说，如不加阻拦，这种教化和社会化会吞没我们自身并体现在我们生活的方方面面。因此，您知道得越多，您对这些故事和经历了解得越详尽，您就越能够揭示它们并创造新的故事和体验。

出于为人的需要，我了解到"表现性感"会让我变成另类，会让我无所归属，因此，即便这只是他人的看法，即便我相信自己并非如此，这也是最具讽刺性的事情之一。这只是绝大多数女性在有关如何行事方面整天遭受的批评的一个例子。

显露性感、尽情闪耀、大吵大闹、抢镜头、炫耀、引发骚动……这些都是我要努力揭示其意义的事情。作为一名女性，我可以在自己的个人简历中把它们列为"爱好"。在一个认为此类事情完全可以接受（更不必说加以谈论）的世界长大的女性很少见，在一个鼓励甚至为此类事情欢呼的世界长大的女性更为少见。

## 担心自己风头盖过他人

我们大部分人都可能会因为自己过于亮眼或闪耀而感到紧张、担忧甚至恐惧,而且我们可能会对这种感受不假思索地表示认同。您甚至可能会想起童年时听过的有关某人"太喜欢吹牛"或"觉得自己非常漂亮"的八卦故事。但是这种担忧并非对于其结果的担忧,而是对于自己太亮眼的担忧,再深一层就是对于自己一枝独秀的担忧。

在《大飞跃》(*The Big Leap*)一书中,作者盖伊·亨德里克斯(Gay Hendricks)提到了一个叫作上限问题(ULP)的问题。简而言之,我们踏出自己的舒适区后感到极其不适时,就会遇到上限问题。找一份更具挑战性的工作、展示我们的才艺、发声、提高工作效率、申请晋升,或者说任何需要引起他人更多注意或导致风险的事情,还有展现性感等,我们都可能会遇到上限问题。对女性来说,上限问题随处可见,而这些问题就像公园里面的垃圾一样,没人会多看两眼。

我曾有个叫米歇尔(Michelle)的客户,为了新的咨询业务,她要发一封电子邮件邀请别人与她一起努力,但她迟迟无法采取行动。在给她出谋划策的时候,我就有种预感,于是问她关于发电子邮件她有什么好担心的,或者如果她成功了,而且业务持续增长,又有什么好担心的。我用这两个问题引导她时,我们两个都意识到问题并不在于她未能采取行动,即组织好该说的话并发出邮件,问题在于她担心自己会惹眼,或者对她而言担心自己比姐姐更出彩。她承认自己担心最近刚刚失业的姐姐的感受。米歇尔担心如果自己的生意成功了,姐姐会对自己感觉更糟糕。她说她会因为自己蒸蒸日上而姐姐苦苦挣扎而感到尴尬甚至羞耻。

我们学会了不要比别人更出彩,因为如果我们比别人更亮眼,我们就会让他们不舒服,我们就是在炫耀,我们就是在做不"应该"做的事情。我们"应该"做的是照顾所有人,确保他们开心,当然还要确保所有人都喜欢我们。这不是我们凭空捏造的"教训"。研究表明,基于性别的不同,男人和女人看待某些特征的看法也不同。2018年,皮尤研究中心发布了一项研究,披露了美国人认为社会重视(及不重视)不同性别的哪些东西。就女性而言,其更具正面性的特征为:漂亮、善良以及富有同情心;其负面的特征为:有气势和强势。就男性而言,相关特征毫不意外,其中强势被视为正面特征。

亮眼就会引人注目,引人注目就是强势,而对女性而言强势仍极具风险。

基于种族等因素以及相关成见,这种风险可能会升级。例如,我有个朋友叫瑞秋·卢娜(Rachel Luna),40岁,是一位天生精力充沛、爱社交的拉丁裔作家兼教练。她跟我讲了一段读高中时跟一位年轻白人男子约会的经历。瑞秋说:"在我男友家人开的派对上见到他的家人让我非常兴奋。头几分钟,

## 第二章 / 尽情闪耀

我尽情地释放着自己天生的热情，可是接下来在那个房间待着我却觉得不安，感觉自己应该低调一些。后来，我问男友他的家人对我的看法如何，他告诉我他们觉得我很可爱，但我不是他该娶的那种女孩，我只是那种可以一起玩玩的女孩。"当瑞秋追着问为什么自己不是那种适合结婚的女孩时，他告诉她："这个嘛，因为你是拉丁裔，而且还是个都市女孩，我家人认为我应该娶一个和我相似的女孩。"瑞秋坦承这一段毁灭性的经历对她在后来的恋爱关系中应该怎样表现自我都有影响。

在此，还有一点也很重要，那就是我们担心比别人惹眼并非只是因为我们可能会让他们觉得不舒服。在很多情况下，还因为我们害怕别人觉得受到了我们的威胁。对女性而言，这就像一桩我们不敢犯的、不敢说出口的罪恶。

我们有多少次隐藏了我们的成就、我们的欢庆以及我们的不容小觑呢？

也许您像瑞秋一样喜欢社交、劲头十足，也许您天生大嗓门、笑声如雷，也许您性格外向。或许您钟爱色彩鲜艳或紧绷绷的衣服，或许您总是第一个说出答案或主意，或许您总是有什么说什么。如果您属于上述任何一种情况，我想别人肯定告诫过您要小点声，说过您让人望而生畏或者天生一张臭脸。（既然说到这里，为什么天生一张臭脸对女性来说就有问题，换成男性就没问题呢？）

作为一名女性，我已经学会了察言观色。如果我觉得自己对什么东西感到特别兴奋，觉得太"本色上演"，我就会满屋子瞥一眼并揣摩一下大家的反应，观察他们的身体语言，看他们如何看我，彼此对视时瞄一眼马上转移视线，不论我周围是陌生人还是熟人，我都会根据当时的情况老老实实行事。我想起自己花费了大量精力担心与他人的偶遇、担心别人觉得我声音太大、担心我太喧闹、担心自己占了太多空间。我用来拉清单和担心的能量，或许都够给火箭当燃料了。

也许您的超能力就在于您极其聪明、雄心勃勃或秀出您的美貌时觉得自己美若天仙。即便您嗓门不大，但也会觉得不太合群，我知道您可能感觉自己有让他人不舒服的地方。女性往往这样运用她们的聪明才智：她们很聪明，她们在学业或工作中鹤立鸡群，而这或许是一个她们害怕比别人亮眼的领域。也许她们被告诫过不要让兄弟姐妹难堪，也许是不要让朋友不舒服，也许并不是让任何人不舒服——只是您害怕超越别人或者这对他人和您自己可能意味着什么。

### 被压抑的心灵

我敢肯定，很多人在生活中都有过不安的感受，感觉最好不要比任何人都闪耀，感觉自己无论如何总要再低调一些。

正如您在本书中会一再听到我说，您完全可以过自己的生活而无视我所指出的问题。您可以投入工作、坠入爱河、抚养子女等,这些都没任何问题。

不过,我知道您翻开这本书,绝非只是希望一切都没问题、过点儿小日子。您拿起了这本书,是因为您听到内心一阵阵低语:"我要这样。我想活得更了不起。我想光芒四射。"

我要说清楚,这可能有些吓人。我绝不会对您的所作所为分个三六九等,如淡化自己的成就、循规蹈矩以免"过头"、不让别人不爽等,因为我也是这样做的。

同时,我想提醒您,这是您真实的人生,只有一次的人生。仅此一次,人生不是彩排,不是表演之前精心编排舞蹈的"全面展示"。人生就是这场唯一的表演。慢慢但执着地遮掩自己的光芒会压抑您的灵魂,长此以往,您的灵魂就会被压垮。我知道,这听起来有些夸张,但这是您的人生——我们说的不是您家厨房新灯具的亮度和尺寸,而是您人生的亮度和尺寸。

长久以来,女性一直都屈从于要求我们低眉顺眼的社会"规矩"。现在,我们所有人不仅应该宣告我们受够了,而且要以必要行动实现改变并继续闪耀。

## 所需手段

在我们的人生走到尽头时,我们希望自己已经付出了最大努力。我们无须每时每刻都令人惊艳、令人拜服,或者像我们最喜爱的名人或偶像那样尽情闪耀。但是,在现实生活中,您个人发展方面的成功应该是以下这个样子：我们逐渐意识到我们对自我的损害——我们知道这种错误不是我们直接造成的，但我们要意识到我们如何进行了自我损害，并懂得我们这样做是因为别人教我们这样做才安全。

我希望大家记住这一点：对于女性而言，我们之所以会有在后面几个章节谈到的很多行为和思维，并非因为我们已经残缺、不够聪明或没有足够多的能量。我们尽量不太惹眼、不要求获得自己想要的东西、生活得浑浑噩噩，我们这样做是习惯使然。我们相信，这些事情会让我们安然无恙，会让我们避免失败、被嘲弄、被批评或被评判。有时，它们暂时有用，直到我们在内心和灵魂中感到再也不希望这些事情发生在自己身上。我们内心有种声音——或许是低语或许是尖叫——不断地告诉我们够了就是够了。

如果您能在走到生命终点时，感觉一辈子活得令人艳羡，那太棒了！但是，我们大部分人都是一点一滴地逐渐发出我们最闪耀的光芒。一个个小小的有益行为，可以带我们走向我们能够想到的那颗最亮的星。

### 继续闪耀

我希望您思考的第一件事就是：因为担心别人对自己有看法或自己的风头盖过别人而隐藏自我，这样的做法事实上并不会让别人感觉更好。这不是一场您获得了什么东西其他女性就会自动有所损失的零和博弈。事实上，让了解您、在乎您的女性看到您的光彩，对她们而言是一种激励。这向她们表明，女性散发光彩是可能的，而她们也因此看到了希望、获得了动力。

第二件有助于您闪耀的事就是确定您在现在的生活中何时会压抑自己的光芒。也许是在您的工作中。比如说，您参加一场工作会议时突然有了一个主意，但您不敢举手，因为您向来不是第一个举手发表看法的那个人。此时，您心想："也许我应该给别人一次机会……其他人都没举手……虽然我这个主意特别棒，但我还是先看看有没有人举手吧……也许我应该把我这个主意告诉某位同事，看看他是不是愿意发言……"

您需要识别并注意这种思维过程。您举手时的不安绝对是您应该留意的事情。

或许您不愿把自己确实做过的工作归功于自己，或许有人对您在某个项目中的表现予以表扬，而您却坚持告诉对方还有三个人一起帮您完成了相关工作，尽管他们只不过就是坐在会议室里刷了刷手机而已。您害怕自己的工作会让您风头盖过他人，原因何在呢？您在哪些情况下不充分地展现自我，是害怕别人会觉得受到了您的威胁、不爽还是会让他们不喜欢您？这并非要把别人的功劳据为己有，只是要您留意自己在什么地方会自我损害：什么时候您理所当然应该居功时却退避三舍，或者什么时候会因为害怕自己过于闪耀而选择不表现出最好的自己。

也许您对自己的外表向来低调。如果您常看《富家穷路》（*Schitt's Creek*）这部电视剧，您应该知道由杰出的演员凯瑟琳·欧哈拉（Catherine O'Hara）扮演的莫伊拉·罗斯（Moira Rose）这个角色。莫伊拉曾经是一个富婆，但如今一无所有，只剩下一些以前买过的衣物，其中包括很多假发。在剧中某个场景中，她参加了一场派对，在派对上她的穿着极其考究，她穿了一件非常大胆的金色的金银线织的裙子，前面还系了一个超大的蝴蝶结。人们都盯着她看，对她的穿着说三道四，还有人假模假样地赞美了一番，而她还信以为真。

我喜欢电视上、电影中这样的角色，而真相是，如果我在派对上看到这样一位女性，我可能会先盯着看，或许还会对她这种奇装异服发表议论（尽管我不愿意承认）。因为经过教化后，我们会认为这种女性另类、赚人眼球、邪乎、最容易招人嘲弄。那么，我们遇到这种情形时就要留意，要明白是我们受到的教化让我们这么想，我们反而应该选择专注于她们表现出来的自信。莫伊拉不在乎自己是否让他人不爽，不在乎人们是否因她的外表或她在场而感觉受到威胁。她喜欢自己的风格，全身心地接受这种风格。

就您的外表而言，您是否会自我损害从而避免过于惹眼呢？您是否会放缓自己的措辞从而避免让其他女性感觉不爽呢？或者，您是否会降低调门从而避免吸引男人的注意力呢？

## 第二章 / 尽情闪耀

众所周知，穿着暴露的女人会被人说三道四，男人女人都会对此说三道四。我要在此指出，很明显，毋庸置疑，我们一直生活在一种全输状态之中，我们明白有魅力也不能"过头"是我们的"责任"。想一下您陷入其中有多深吧。更具体一点儿讲，想一下您什么时候会循规蹈矩、努力避免用您的长相吸引人或者不让别人黯然失色。

或许，您试着在您的朋友中不要表现得太耀眼。几年前，我不得不好好想想自己什么时候也是这样做的。我曾有个闺蜜，我觉得在事业方面我必须跟她同步。我心想，我应该做她的"计步器"——就像跑马拉松时她要我跟她并排跑一样。这是跑步时一件重要的事情。您可以请人跟您一起跑，确保您不要跑得太慢或太快，以免后面体力不够。但是，我们不是在跑马拉松，我们是在跑生意。

真正的恐惧在于，如果我比朋友更成功，那我就把她甩下了，她再也不会喜欢我了。她可能会认为我是个爱炫耀的人，会认为我野心太大，会认为我太聪明。此外，我会让她伤心，让她对自己有不好的感觉。虽然在很长时间内我都没意识到这一点，但这些故事都慢慢地渗入了我的决定，损害了我自己的成功。我就是在自我毁灭，而我朋友从未要求我那样做。她从未也绝不会说："我希望你跟我保持同步。不要再写书了，你已经成功了，就此住手吧，等等我！"我这个朋友一直为我的成功和雄心而感到欢欣鼓舞。我的成功只会让她觉得更受激励和鼓励。但是，我完全杜撰了有关这一点的错误叙述。我编的故事是这样的：如果我过于成功，我会让别人落在后面，而我会形单影只。

我向这位朋友坦承了这些感受。我对自己的想法和感受负有责任，我能够忘却以下理念，即我需要通过"不把她落下"来关照她。

接下来，我们来谈谈恋情。也许您的伴侣有份非常高调的工作，而您不知不觉地编造了一个这段恋情中只能有一个"明星"的故事。在一个家庭中，妻子往往都是支持者。虽然"每个成功的男人背后都有一个伟大的女人"这句话的含义一目了然，但其起源就不那么清楚了。其最早的记录见于1945年，当时一名四分卫把自己的复出归功于妻子。不过，坊间传说这一俗语在此很久之前就有人用过了。即便在您长大成人的过程中，传统性别角色并非家里的规范，我们多多少少都知道我们女性的"本职工作"就是家里的养育者，就是帮手。我完全没有养育或帮忙是坏事的意思，只要我们有能力这样做，这就是一件很了不起的事情。我要说的是，很多很多次，我们都觉得自己不应该像男性那样光芒四射，否则我们就会削弱他们的成功，而我们不敢让他们背上"污点"。如果您跟男人一起工作，也可能会遇到这种事。

## 原因何在

如今,您已经弄清楚了自己什么时候会这样做,那么第二件事就是要弄清楚原因何在。拿出纸笔,把它们写下来。

或许这种状况从您年轻时就开始了。也许您有个没您那么聪明的兄弟姐妹,所以您学会了不能太得意或者受了表扬也要表现得不安。或许您在成长过程中见惯了传统的性别角色,即女性注定就是家里主要的看护者而且从不求助于他人。当妈妈的就该待在后面,那是她们的工作。或许,您曾尝试闪耀但因此被人议论、奚落或取笑,或许被告诫过"不要自我膨胀"。

把这些故事和记忆写下来,看后您可能会觉得其无比荒谬。我前面提过的那个害怕风头盖过姐姐的客户说:"我编了一个故事,只有一些光芒可以发散出去,就像一盒12个装的甜甜圈。每人一个,我不想拿走任何人的甜甜圈。我会等等看,看是否会有一个留给我,但很可能什么都不会留给我。我宁愿它们被我爱的、我在乎的人拿去,我就待在后面,藏起来,不露面。"

换句话说:"这会让我获得安全感,这会让待在我习惯的舒适区里的所有其他人都觉得舒服,尽管我最后可能感觉糟糕透顶。尽管在我生命的尽头,当我回首人生时会说:'该死的,我本应该像一个巨大的闪闪发光的甜甜圈那样闪耀,然后再把它吃掉!'"

我希望您仔细看看原因,探查一番,提出疑问。一旦您收集了更多有关您独特经历的信息，您就可以看看这些您捏造出来的故事，把点点滴滴联系起来，好好思考一下。也许您需要思虑一下内心的本真、家庭体系乃至创伤疗法。把您写的这本日记或笔记带给您的治疗师，或者带着它去跟朋友聊聊（那些欣赏此类对话的朋友）。

因为这个世界需要更多闪耀的女性，不论您是否喜欢穿金色的金银线织的裙子而且在前面还系了个蝴蝶结。这个世界不需要您躲藏，它需要您不再担忧是否会让别人不爽，或者他们是否会因为您的彰显自我或闪耀光芒而感觉受到威胁。

您可能25岁、65岁或介于两者之间，但是，无论您多大，您都受了多年的教化。好消息是，您仍然完全可以披露这些故事并在您的生活中创造新的故事。事情不会一帆风顺，也不会一夜间就完成。我知道，你们很多人都很兴奋，而且会想："哦，我明白了。我在书写一个新的故事，我马上就会变成那个性感女郎，这一切都太棒了！"虽然我很喜欢您的热情，但这将是一段很长的旅程。不过，如今您已经弄清楚了状况，您已经在路上了。

您的生活、您的存在都是一道光，而这道光是您出生时上天赐给您的一份礼物。这份礼物是让您享受，也是让您跟这个世界分享的。

那些说三道四的人难以接受自己的礼物，或者他们也是被教化之后才开始压制、隐藏别人的光芒。这与您几乎没有任何关系，而这与另一个认为自己遵循了社会教化"规则"的人也没有什么关系。或者，也许他们只是试图在您身上发泄他们自己的痛苦，而且往往是无心之举。也许他们在您身上看到了他们羡慕的东西，在您身上看到了他们无法散发的光。他们渴望闪耀自己的光芒，但无能为力。因此，他们认为对您的光说三道四没什么不可以，而且他们试图让您隐藏您的光。

还是那句话，这与您无关。

作为女性，我们有一种特殊的光，这种光注定要辐射开去。正如太阳注定要温暖地球一样，您注定要闪耀从而完全活出自我并照亮他人。

## 忘却

**注意**。注意您在哪些方面会裹足不前，您的观点、您的成功、您的外表还是其他？注意并承认您编造的故事或叙述在您的生活过程中是真实的。

工作中您也会如此吗？如果会，详细列出来。这种状况发生在您以往还是目前的恋情之中？对于您的外表您也会如此吗？更具体来说，涉及您的成就、观点或其他东西，您是否会裹足不前或隐藏自我？把这些都写下来。

请记住，这一步只是为了进行观察，无须得出什么了不起的结论。

**保持好奇心**。这些习惯是怎么形成的呢？您得到了什么信息或者您原生家庭那些未曾明言的"规则"是什么？如果有这些东西，您觉得您的父母从哪里获得了这些"规则"呢？

您以往的恋爱关系怎样？您有没有跟一个试图让您承认犯了惹眼错误的人约会过呢？您跟朋友之间，无论纯属您的个人行为还是别人的行为，会有这种情况发生吗？

考虑一下您受到的教化。既然您已经想到了过去，再想些别的，比如您关注过的媒体。您对非常闪耀的女性电视或电影角色怎么看？您崇拜她们？害怕她们？对她们评头论足？您可以按自己的方式回答这些问题，这些问题都有利于您彻底弄清楚您如今为什么会如此思维和行动。

**自我同情**。随着您开始意识到自己在哪些方面会裹足不前，要对自己有些同情。您或许会发现很多让人感觉不好的往事。您并不孤单——就算不是绝大部分，很多女性被教化后会编造一些有关退缩会让自己更安全的故事。如前所述，您相信这些东西没什么错，我只是想提醒您，您是由于受到的教化才相信太闪耀不好、风头盖过他人也不好。在此，我们要做的是忘却这些理念，以接纳新的理念。

**保持动力**。像本书还有不少章节要读一样，保持动力是一辈子的追求。我建议您做的第一件事是开始跟自己对话，而且您也要跟那些能听懂以及您信任的人开始这种对话。您跟朋友在一起的时候，如果您或别人说"我想开口说话，但我没有开口"时，您要留意。或者，如果您或他人对自己的成就不屑一顾或试图避开自己的远大梦想，您也要留意。女性们聚到一起时会更闪耀，因此我建议您跟朋友讲一讲这一话题，以便于你们之间在这一话题上更容易倾听彼此的声音，也有助于帮助彼此建立有关光芒和闪耀的支持体系。

　　留意您何时、何地以及跟什么人在一起时会自我矮化。保持动力，就要反复采取这些步骤，因为忘却过程将贯穿您的一生。

　　想到这些必须克服的障碍时，人们很容易陷入困境。而我希望您能明白这一点，并专注于迈出那些小的步伐，在自己的一生中勇敢发声。您的改变能够激励他人！

# 03 第三章
# 予取予求

如果女性能像自己频繁地道歉那样频繁地索取自己想要的东西，这个世界上就会有很多更幸福的女性。不过，这并非我们的过错。

我们受到的教养告诉我们，吃晚饭时不能要求加餐、工作中不能要求晋升。如果我们提出什么要求，会先说："对不起，能否劳驾……"或者提出要求时先给对方一个台阶，例如："如果您能周五前帮我做好那就太好了，不行也没什么需要担心的，我自己做就好了。"事实上，如果他们周五前真的做不到，我们当然会担心。

在家里我们往往不会要求伴侣给我们帮忙，相反，我们往往会自己扛起来，然后再感觉愤愤不平。如果工作太多，我们求人帮忙时也会很犹豫。我们宁愿加班加点、吃苦受累，然后再找人帮忙或要求延时，而往往我们意识不到自己会这样。

归根结底，我们常常担心打扰别人、麻烦别人或提出我们认为过分的要求。我们不希望被人当作难缠、爱出风头或者犯贱的女人。只不过，我们甚至并没意识到，我们从一开始就可

## 第三章 / 予取予求

以求助于人或者万事皆可商量。

女性的赋权从索取自己想要的东西开始，就是这样。这是最基本的一点。没必要到处道歉或者希望不请自来，这样您不会获得赋权。想一想您的要求到了嘴边但未出口，而错过时机后再开口为时已晚时那种糟糕的感受吧。在本书中，您将会一再听到我说，您不索取自己想要的东西并非因为您软弱或太傻。您不提要求，因为这是我们文化中的规范。从我们出生开始，这一规范就围绕着我们。

"好女孩不会要求太多。好女孩都是无私的，不是自私的。好女孩都是可以将就的。"

在此，我要说的是，我们大部分人都受够了给一点面包屑就心满意足的做法。即便您没受够这些，我们也会为您而战。

我知道，一辈子从未要求过超过"可接受"界限的东西，此时再让您开口索取，您可能会犹豫不决。我明白，您读到如何索取自己想要的东西时可能觉得备受鼓励而且非常兴奋，但同时您又害怕没用、胆子太小不敢开口或者担心别人会作何回应或反应。但是，别的姑且不论，您在阅读本章其余部分或本书其余部分的时候，我希望您可以设想一下"如果……那么会……"如果您能够接受书中的内容并决定去应用一下，那么会怎样？如果您确实觉得书中内容过于奇怪，此刻不必采取行动，只需做出自己的决定。

稍晚些时候，您可以采取一些小的行动。这些小的行动能够转化为大的行动，这可能而且也会改变您的生活。

要求自己想要的东西，听起来很大胆，因为这的确是大胆之举。这是一种违背"做个好女孩"内涵的立场。人们可能会因此对您提出质疑甚至害怕您。如果开口索取让您犹豫不决甚至惊恐万分，就和我们一起探讨一下吧。

**女性为何不索取**

我们来谈谈您为何不开口索取，这样您就可以更为轻松地放下心中的担子并开口索取。我们不索取，简单地说是因为我们害怕，详细一点说每个人都有特别的原因。我把这种恐惧分为五个不同的场景。当索取自己想要的东西时，我们首先害怕的东西以及相关的化解手段如下：

恐惧 1：害怕别人的看法或评判

如前所述，您可能绝不想成为一个会提过分要求的人。也许您认为这种人贪婪、让人讨厌、被溺爱、摆谱或者自私。

41 岁的米兰达（Melinda）说："我很难开口索取任何东西。我不想得罪人或者看起来自私或贪婪。有人跟我说过我索取时的样子看起来很可疑，因为我太紧张兮兮。例如，最近我给一名同事发了封电子邮件，'我打算 6 月 4 日到 12 日休息。你觉得可以吗？如果你觉得这周不行我可以换时间。'为了迁就所有人，我把自己逼疯了！"

米兰达就是一个例子，她太在乎自己在别人心目中的样子或者别人怎么看自己而不太在乎满足自己的需求。如果米兰达能坦率地说："我受够了事事别人优先，我才不在乎别人怎么看我！从此时此刻开始，我自己的事要先办！"那就太好了。把这个做成社交平台照片墙（Instagram）上的表情包非常棒，但不长久，长期来看没什么真正的帮助。跟我们大部分人一样，米兰达从小就懂得了别人要先于自己。虽然灵活处事、体贴他人很重要，但女性往往会退缩过头，而我们习惯于退缩，有些人甚至过于退缩以致崩溃。

如果您担心别人对自己有负面看法，先看看您对于索取自己想要的东西的女性有怎样的假定。如果您觉得索取的女性"很坏"，请您自问一下，请这是您受到的教化还是事实呢？弄清楚这一点，检查您的判断，这很重要。如果您假定索取自己想要的东西的女性贪婪、只考虑自己，那就问问自己："如果换个视角会怎样呢？"也许换过视角之后，您会认为：索取自己想要的东西的女性是自信的女性。她们很聪明，懂得自己的所需，为的是不浪费别人的时间或精力。您现在不必完全表明您的理念，相反，您只需要了解自己剥夺权力的理念并学会从另外一个视角看问题。

您找到一个想要的视角后，坚持运用并不断提醒自己，直到它成为您新的理念。

恐惧 2：害怕变得脆弱或显得脆弱

索取自己想要的东西很容易受人攻击，人们往往不想这样做。但是，另外一个选择就是放弃自己想要的东西，而这需要您来选择。

我们来剖析一下——很显然，受人攻击会让人不安，但绝大部分值得获取的东西都值得为其感到些许不安。令人不安的对话往往并不像我们认为的那样令人煎熬，所需时间也没我们想象得那么长。这种对话往往持续 5 ~ 15 分钟的时间。就我个人而言，在开始艰难对话或提出难以开口的要求之前我曾因为焦虑而病倒，结果后来才发现它们的难度只有原以为的五分之一。您绝对无须因为这些而摆脱感觉脆弱。您必须了解，不索取的痛苦要比那么一小会儿的感觉脆弱更糟糕。

恐惧 3：害怕说"不"可能会引发冲突

女士们常用"要尽量避免冲突"或"我讨厌冲突"作为没有索取自己想要的东西的借口。事实上，没人喜欢冲突，如果有人喜欢，那他们肯定是混蛋。尽管人们天生就努力远离冲突，竭尽全力想要避免冲突，以致他们脑子里会认为不值得为了可能的冲突而说次"不"。或者，如果从小您家中就冲突不断，您也许会把满足自己的需求等同于好斗。

如果您害怕冲突，想想这种恐惧从何而来。如果您的原生家庭冲突不断，也许您现在该接受一下创伤治疗。只在走进老板办公室之前告诉自己这很安全是不够的。尽管这对很多人都有帮助，但如果您不解决童年那种感觉不安全的伤痛，这种感觉的重压就会像兀鹫盘旋在即将死亡的动物头上一样压在您整个身体之上。您值得感觉安全，创伤疗法会对您有所帮助。

或许，您家并没什么冲突，但您还是害怕听到对方说"不"和当它发生时会在您头脑中制造的混乱。问一下您自己（比如害怕感到脆弱）得到自己想要的东西与听到对方说"不"后的不安，您觉得哪个更重要？如果您认为前者不如后者重大，参见上段有关对冲突的恐惧对您的支配，而且您或许应该更深入地思考一番。如果您愿意放弃自己想要的东西，以避免听到对方说"不"，您会比自己想象得更容易陷入冲突。如果您觉得前者确实比后者重大，您想要自己想要的东西而且也愿意承担被对方说"不"的风险，或许您只需了解如何开口，稍后我们将对此加以探讨。

恐惧 4：害怕说了"同意"后不得不凸显自己并出头露面

这与对成功的恐惧非常相似。如果您的老板"同意"给您更高的工资或给您晋升，或者您的伴侣"同意"去参加婚姻咨询，那么您也必须多露面，这也许会考验或动摇您的信心。

我们先来谈谈您的成功、您的应允以及您的上位。如果您开了口并得到了自己想要的东西呢？太棒了！这很好，而且您可能由于不得不面对一个新的、更大的场面而吓得发抖。我知道，尽管您对成功的恐惧可能多少有些令人尴尬（我的意思是，谁不想获得成功呢），这并不是说您害怕拥有更多的财富、更好的人际关系或更多的机会，您害怕的是这些东西带来的后果。

更多的财富或升职可能意味着更大的压力。如果您的伴侣给了您想要的东西，您可能会认为这是您曾拥有的最健康的两性关系，这也许会让您变得更为脆弱，或者您不习惯一段非常棒的两性关系，您觉得这段关系注定会失败。也许，如果这一新关系能够持续，您又会担心接下来的不确定性或者别人对此的评判。

尽管对于失败的恐惧看似更为明显，但人们对于成功的恐惧比您想象得更为常见。如果您属于这种情况，首先您要知道这很正常。在我十几年的工作经历中，绝大部分跟我一起工作的女性都对成功有所恐惧。其中，部分原因在于，根据我们的文化对于成功的定义，人们往往并不鼓励我们去取得"成功"，而成功往往是留给男孩和男人的。

其次，您必须要做的一件事就是，您必须采取能够促使您获得自己所希望的成功的小行动。您往往倾向于维系您心中对于成功的看法，因此您应该改变您对于索取自己想要的东西的看法。例如，请求承担略高于您平常所承担项目难度的项目而非一个全新的大项目。换句话说，您要在您的舒适区之外小步前进而不是大步向前。这样做的意义在于向您自己证明您有能力而且愿意追求自己想要的东西，而这种成功也不会吓到您，不会导致您最终的崩溃。

恐惧5：害怕要求不当或被误解

很多时候，我们不索取是因为我们不知道要索取什么。我们会在一张纸上写给我们的老板"我一年能多拿1万美元吗？请选是或否"吗？如果我们准备不足，最好的情况下我们会感到尴尬，而最坏的情况下则会被吓傻。

此外，有一种说法，说是您只能按以下两种方式之一去索取自己想要的东西：

1. 满怀歉意，唯唯诺诺。
2. 颐指气使，针锋相对，有些类似最后通牒。

女性任意索取自己想要的东西往往会被说成是"颐指气使"。她们被说成难缠、摆谱、恐吓、难以共事。因为，人们对女性有一些成见，而我们对这些成见都很熟悉。因而，当我们索取时，我们要尽可能地保持温和。

上述几种恐惧中，有一些与安德烈娅的情况巧合。安德烈娅，50岁，出生于加拿大的亚裔企业家。安德烈娅的故事表明，文化和种族都能够影响女性索取自己想要的东西的能力。她解释说："2003年，我人生的第一位导师托马斯（Thomas）溘然离世。他曾是我们这个行业的一位翘楚，拥趸多达几十万，但只留下了一份非常不像样的遗嘱。他的生意归了一位平时并不太积极参与公司业务的白人男子。作为总经理以及当时该领域非常稀缺的亚裔女性之一,此前我一直全身心地投入公司业务,但是……我只是一位承包商。"

"一位担任托马斯内容创作者的白人妇女举起手,说道:'嘿,他的遗产应该有我的一份儿。'结果她得到了一笔数量可观的钱,事情就是这样简单。没有任何繁文缛节,没有律师,没有明显的争夺。我被震惊了。首先,在那个哀悼的时刻做这样一件事,她真是太大胆了。不过,很快,我内心就发出一个声音,'要做一个善良的亚裔女性'。"

"但是,与此同时,这很不公平。为什么我被忽视?我也应该提出要求吗?不可能,那太没礼貌,也缺乏尊重,而且当时也不是说这个的时候。此外,如果那个人能够获得一笔不菲的钱,很明显我也应该有一份儿,对吗?是我在运营着整个公司,我工作更努力,而且我跟托马斯的时间更长。虽然这本身就是一种回报,但最终我也应该得到经济方面的回报,对吗?"

"几个月后我被裁掉了,尽管此前我努力确保在托马斯离世后这几个月内让公司的业务尽可能地好。"

"我为什么没有举手要求获得一份遗产呢?因为担心被人认为颐指气使、摆谱。虽然感觉被人利用而痛苦万分,但我从来没有告诉任何人这件事。因为我已经被告诫我要安分守己的文化力量所内化。我是一名女性,而且是一位亚裔女性。我应该保持沉默、保持礼貌。此外，还有我长大成人的北美文化中的家长制力量——别找麻烦，好女孩不会捣乱，会有人照顾我，多看少说……这样的结局可能也就不奇怪了。"

"由于我没意识到这些起作用的力量，我觉得问题在于我以及我的缺陷。是不是因为我缺乏安全感、害羞、能力不足、还是因为我缺乏才气？显然这些因素都存在。但是，事实上，这些因素的影响还比不上我此后要忘却的、更强大的教化的影响。"

## 两性关系何去何从

不过，在索取自己想要的东西方面，可能有一块直率、善意的中间地带。我曾有一个叫梅丽莎（Melissa）的客户，她在我的播客上接受过我的培训。她曾给我写信，跟我说她希望能有更多的时间照顾自己。她写道："每天要坚持从身体上、精神上照顾自己，这让我很吃力，我不清楚到底哪一个应该更为重要。"

课程开始后，我发现她的问题实际上是：她承担了大部分家务，因而需要丈夫多帮帮她。事实上，她跟丈夫表示过自己需要他多帮忙，结果丈夫回答说自己下班后太累了。

让我震惊的并非这一情况多么明显，事实上这一情况也并不少见。真正让我震惊的是，她把这一问题变成了自己需要设法解决的问题。她觉得自己需要解决的难题是如何能够坚持照顾好自己。正是这一点让我脑袋都快炸了。她做的是一份全职工作，养着两个女儿，事实上还在照顾着第三个人，即她的丈夫，而她的丈夫完全能够既照顾好自己又在家里帮她做些家务和照顾孩子。

梅丽莎要完成的作业不是制订并遵守一个更好地照顾自己的计划（相关内容见下文），而是要跟丈夫进行一场充满爱意的、认真的、毫不含糊的对话，告诉丈夫他要帮她是没得商量的事。他说的"下班后太累"的借口是无效的，只会伤害他们的关系，伤害到她。

梅丽莎的例子说明了以下事实，即作为女性，我们更倾向于做两倍的工作，忽视我们自己的福祉和基本的自我照顾，而不愿跟我们的伴侣展开有关帮忙的令人不爽的对话。

我知道，对于大部分人来说，这是一件非常复杂而微妙的事。对于阅读本书的单身一族，我恳求您在结婚前或决定认真谈恋爱之前先进行这样一场对话。统计数字表明，一对夫妇参加婚姻咨询之前，这一问题就已经存在很多年了，而在很多情况下，其中的女性已经准备离家出走了。华盛顿大学心理学名誉教授、西雅图人际关系研究所常务董事约翰·戈特曼（John Gottman）说道："平均而言，对双方关系不满的夫妇会等上6年才会寻求帮助。"千万不要等到您的关系出现了紧急状况再寻求帮助。

在这一案例中,跟伴侣进行一场有关性别角色的诚实对话可能会对您有所帮助。他们觉得妻子或丈夫"应该"做什么?您可以谈从小就学到的东西或您带入这段关系中的理念,这些都可以谈。如果你们想真正听到对方的声音,弄清楚彼此的出身并倾听彼此的需求,你们双方都需要从这场对话开始。如果你们的理念或期待彼此相去甚远,就需要解决这一问题并判定这些问题是否是致命伤。

另外一个例子是罗宾(Robyn)。她说:"在我当前的恋爱关系中,我害怕索取自己想要的东西。我希望能有某些程度的透明度和完全开放的沟通,这对我很重要,这是我建立对他人信任的方式。过去,有人问过我'这有什么关系?'以及'为什么这对你很重要?'最让我受伤的说法是'事情都过去了,没什么关系了'。因此,我再也没问过这些问题。我从来不问,因为这种对话让人不舒服。"

"我一直觉得提出要求或希望了解情况是错误的。我觉得或许我可能有什么问题或者我太想了解情况因而发疯了。"

"结果,我不再提问了。在我当前的恋爱关系中,我觉得这成了一个问题。我有些问题想问但我不问。我觉得我们之间有一堵墙,双方没有了沟通。此后我就封闭了自己,我胡思乱想,大声斥责,大发雷霆,感觉想脱离这段关系。我满脑子都是负面的想法,因为我害怕提问。我怕听到对方说我的要求纯属无中生有。为了开展一段可靠的恋情,我需要先了解某件事,这让我难过。"

罗宾的故事很常见。她很清楚自己想要什么——她希望跟伴侣拥有更坚实的联系，希望能跟对方进行彼此吐露心迹的对话。她明白这种讨论并不容易。她尝试后，受到了伴侣的抵触，实际上她受到了"拒绝"。

罗宾并不需要让伴侣对自己无话不说从而让自己得偿所愿，对方也许有些太痛苦的事情，在跟她分享之前他要先过自己这一关。但是，她完全封闭了自己，因而质疑自己的本能和心智，感觉自己有问题。她把事情都归咎于自己，而事实上这与她的伴侣有关。对方拒绝深入沟通，这才是真正的问题。罗宾不是问题所在。

她的故事让我很触动还有一点原因，即她说自己害怕再次提问，害怕为了强化这段关系而感觉糟糕。让人意外的是：她害怕别人说自己的需求是无中生有。朋友们，这才是问题的症结所在。因为，当我们害怕听见什么的时候，恐怕这件事就是真的。

如果您正处于这种状况或者您跟罗宾有些相似，想象一下现在我正抓住您的肩膀盯着您。我要告诉您：您的需求很重要。希望跟伴侣建立更深的关联是正常的，也是健康的。如果您的伴侣不愿让您深入了解，跟您之间划定情感边界，在同事之间这看似正常，但对于亲密伴侣、相伴终生的两个人之间这就不正常了。原因在他身上，他有责任在学会对您不设防方面寻求

## 第三章 / 予取予求

帮助，而您无须停止提问并迁就他丢给您的烂摊子。

我知道这让罗宾陷入了某种双输的境地。如果她继续向伴侣索取自己想要的东西，她会受到抵触。或者，如果伴侣不像她希望的那样敞开心扉，她还是会觉得孤独，得不到她希望的那种亲密无间。如果她让这一问题成为致命伤，而且双方都拒绝改变，她将不得不考虑离开。

我给罗宾的建议是：认真考虑表明问题的方式。很多时候，在这种情况下，我们会考虑得不到自己想要的东西时自己跟伴侣之间存在什么问题，然后编造借口，"可是他们真的支持我回学校读书"或者"我父母和朋友都很喜欢他"。相信我，没人比我更了解吃了苦头才学乖是怎样的。也许罗宾和我一样，不过我要告诉您，如果您希望自己在感情方面的需求得到满足而您的伴侣直接拒绝，并且拒绝为此看看书或者咨询一下婚姻顾问或治疗师，可以说他寸土不让而且让您背锅，他这样做就是选择对亲密无间的恐惧而放弃恋情中健康而美妙的东西。他也许有些事情要自己搞明白，那是他的责任。如果他那样做，你们双方都会因此受益。

在梅丽莎和罗宾的例子中，他们对伴侣提出了很高的要求。在我当前以及第一次婚姻中，我也遇到过这种状况。在我第一次婚姻中，我常常提出要求、恳求、吼叫、威胁以及大发脾气，结果从未得到我需要的东西，而那桩婚姻也以离婚告终。

我不想在我的第二次婚姻中再犯同样的错误，我知道我需要解决沟通问题。简而言之，这次结婚一两年后，我给丈夫提了一个特别的要求，最后还没忘记说："我这个要求很重要。我不要求你取得奇迹般的改进，我是在请你试试，也是让我自己能看到你正在尝试改进。"

我丈夫回应说："这听上去像是最后通牒。"

"这是一项要求，也是一条界线。如果 10 年后我说要离开你，而在那之前你一点儿也不知道这条界线对我多么重要、多么致命，那就烂透了。那意味着，我太爱我们，太爱你，以致没有给你一次公正的成长机会。"

我必须讲清楚，我的要求是认真的。我不是在问着玩，不是为了看看问完之后他会不会暴跳如雷。我提这个要求是基于我的价值观以及亲密关系中那些对我来说重要的东西，因为我早已弄清楚了自己在前一桩婚姻中所犯的错误，而且我希望从中学到教训而不是重复错误。

从那以后，他开始采取行动，我们一起采取行动。

他的改进没有我希望的那么快，但我非常郑重地认可了他的努力以及他对我和我们的爱，并对他的进步表示了尊重。这是大概 6 年前我们之间的一次对话，也是我们婚姻中最重要的对话之一，如今我们两个之间的关系与此前相比已经发生了天翻地覆的变化。

这种要求出自爱、同理心、理解以及对于我想要的东西很重要这一点的认识。我的要求来自我在恋爱关系中的价值观，即爱、成长、信任、亲密以及支持。有时候我们两个都会故态复萌，不过现在我们都知道那会有什么后果，我们现在可以进行让人不太舒服但非常重要的对话，以帮助我们的婚姻。

## 友谊与工作

下一章我们会稍微谈谈在工作中索取自己想要的东西以及谈判的艺术（我强烈建议您多读读这方面的东西）。现在，您要知道在生活其他领域（如恋爱关系、友谊、孩子、邻居或某个具体的人）如何索取自己所需。

虽然我希望您索取自己想要的一切东西，但我绝不希望您进门时告诉自己必须居高临下、横冲直撞、气势汹汹或者言语粗鲁。您提出要求时，您的身体语言也很重要。提出要求时，把双手放在胸口一小会儿、头稍微倾斜，这与身体后仰、双手交叉放在胸前看起来非常不同，前一种是亲切友好而开放性的，后一种则是防御性的而且设置了障碍。

比如，您的朋友不止一次问您她有了新工作后您能否帮她照看孩子，因为您在家上班而且时间灵活。您乐于帮忙，但她不打算付您钱，而且这样您就很难做好自己的工作了（更不用说您真的讨厌给孩子换纸尿裤了）。您想告诉她您没法答应，但是您很紧张，不确定她是否还有其他办法照看孩子，而且您不希望把友情搞得很尴尬。因此，您开始以拖待变，她开车走了，您心中暗暗诅咒，但您还要跟在她家那个还在蹒跚学步的孩子后面跑，而且还是免费劳动。

进行这种对话时要有一个过程，而且这一过程刚开始的时候，您要态度亲切、感激连连。

如果您满怀怒气和怨恨进行这样的对话，即便您占理，您这样开始谈也会对你们的对话不利，会让您自动与提出要求的对方发生争执。将这些情绪留在门外，并反思一下您的怒气和怨恨的部分或全部原因是否基于以下事实：您是否把这事儿放得太久了，您几周（几年）之前本就该进行这场对话。如果属实，记住，问题不在对方而在您身上。

首先要表现出亲切，甚至感激，然后再提出要求。此后，提出您的解决方案，前提是您要有这样一个方案而且是可行的方案。例如，拿您朋友来说，这一对话听起来就像：

"朋友，我喜欢照看你的孩子，跟他们在一起很好玩，我真的为你的新工作感到高兴！我知道疫情期间你失业的时候压力很大。我很想帮你，还有，实话实说，下个星期之后我就没法帮你看孩子了。我希望我能帮你，可是我的日程已经受不了了。我愿意帮你研究一下这一片看护孩子的地方，可以吗？"

请注意，您要说："我很愿意帮你，只是……"而不是"我愿意帮忙，但是……""只是"一词体现的意义和语气不同。"但是"一词往往意味着否定您刚刚说过的话。这是件小事，但其影响可不小。

值得注意的补充说明：您可能还要说："我本应该几个星期之前就告诉你的，很抱歉我没说。当时我担心你找不到其他人，而且我心里也不痛快。这是我的不对。"这些话您可说可不说，除非这场重要的提要求的对话已经被您推迟了很久，这些话才有必要。例如，或许您和您的伴侣一直都扮演着"传统的性别角色"，您的伴侣有一份全职工作，而您只打打零工或者完全在家带孩子。也许，此后随着孩子逐渐长大，您开始多打打工或找一份兼职。但是，家里大部分家务还要您来做。您希望得到更多的帮助，或许您暗示过但一切还是老样子。

几年过去了，您变得更加怨恨。您开始跟朋友吐槽。您跟伴侣之间的亲密关系变成了被动攻击的关系。"噢，看呀，鞋子又忘在外面了。我去捡起来收好，不需要你们帮我。你们都别紧张。"您大声叹着气，而伴侣只盯着自己的手机。也许这几年您也发过脾气，也对伴侣大发雷霆过。您当时的样子，绝对不会让您自豪。

在这种情况下，我自然建议您用比较合适的方式再多说一句，主动承担没有早一点提出要求的责任。您的整个要求可能应当是这样的："我知道，当我们结婚/决定生活在一起的时候，我们两个都清楚我们是一个团队。我们两个会互相帮忙，这样我们每个人都会感觉自己承担的工作量是公平的。很久以来，我开始觉得担子的分配不公平。我本来应该早点跟你讲这件事儿，对不起。让你猜我的心思，这不公平。我需要你了解这件事儿有多伤害我。我知道如果这件事儿继续发展下去，我会崩溃的，但我非常爱你，我不能让这样的事儿发生。这就是我现在跟你提出来的原因。"

正如您能在这段文字中看到的，您最初感到怨恨的时候没有告诉您的伴侣，这是您造成的事实；您提醒对方你们的伴侣关系，强调您提出这一点是因为您非常看重这段关系而不只是设法获得自己想要的东西。这两点都是真的。

在您索取自己想要的东西时，要把这一点讲清楚。在接下来的沉默之中，在那个您把自己的脆弱脱口而出等对方回应的时刻，您也许会感到不安。不过，这取决于他如何回应。您的目标就是坦诚相见、建立自信和找回爱。这是您唯一能够控制的东西，其余的取决于他。而最后，如果您已经表现出了最好的自己，不论结果如何，这都算是成功。

### 她会怎样做？

想一下某个您知道会索取自己想要的东西的人（真实的或虚构的）。也许这个人是您的一位导师，也许只是一个虚构的人物。可能《纸牌屋》（*House of Cards*）中的克莱尔·安德伍德（Claire Underwood）或《权力的游戏》（*Game of Thrones*）中的丹妮莉丝·坦格利安（Daenerys Targaryen）都是不错的选择，或者您也可以选《逍遥法外》（*How to*

*Get Away With Murder*）中的安娜丽丝·基廷（Annalise Keating）。到第十章我们详细探讨自信时我会深入探讨这一手段，不过，现在我希望您能在大脑中先挑一两个人物。

如果您选择虚构的人物，我想请您想几个不一定令人喜爱但因为索取自己想要的一切而出名的角色。把她当作您的一位"伙伴"，您也许并不想模仿或表现她的所有特点（尤其是她喜欢撒谎或背后捅刀子），您只是在意她专注于自己所想并索取的方式。这样做的目的是让您养成习惯，在您遇到时机时可以像她那样思考。问一下您自己："在这种情况下，她会怎么办？"

因为，一天下来，如果您一直不开口，答案就会一直是否定的，没人会替你问。如果您不问，您就放弃了可能属于您的东西。

## 忘却

**注意**。围绕索取自己想要的东西的忘却包括忘却索取自己想要的东西是错误的这一观念。如果您是一位素食主义者，而饭店给您上了一份半熟的牛排，注意您是否并不想把食物送回去。如果您知道您所在部门的某个人工作经验比您少但钱挣得比您多，注意您是否会一拖再拖，不敢提出涨薪的要求。

如果您还没准备好就此采取行动，先在纸上或手机上把您想索取但目前并不打算索取的所有东西列个清单，写出来索取究竟需要付出什么代价。也许索取不一定需要花钱,但需要耗费您的信心、自尊,而且违背您的价值观。一旦您知道了不索取的那些方法,您就无法视而不见,这就是关键所在。

**保持好奇心**。在阅读本章之前,您对于索取自己所想的女性有些什么假定呢?您对她们有什么看法?您对她们颇有看法还是羡慕她们?如果您有所判断,具体说出是什么样的判断?如果您羡慕那些会索取自己所需的女性,您觉得有什么事情是她们会做但您无法模仿的,有没有什么事是您觉得自己也可以做的?

您觉得索取自己想要的东西是您能够做、会做还是永远不会做的事呢?如果不会做,为什么?

如果您害怕索取自己想要的东西,您到底害怕什么呢?有人告诉过您涉及索取或者想要什么东西时女孩子应该如何行事吗?关于这一点,您还记得什么呢?

面对并回答这些问题可能需要些时间。有好奇心很好,但不能操之过急。好奇心是弄清事物的关键,有了它您就可以开始揭示并忘却旧的模式和故事,并重新学会能让您逐步以自己为重的新模式和故事。

**自我同情**。如果您突然意识到有无数您从未索取但又为此内疚不已的东西,您现在可以立即停止内疚了。最有可能的是,您受过训练,让您绝不要求自己不需要的东西或只要求自己认为应得的东西,而有时候还不仅如此。您必须卸下几十年来受到的教化,这种事不会一夜间就能实现。

如果您在这方面对自己很苛刻,可以试试以下口头禅:"我现在都知道了,因此我可以着手改变自己的思想。我值得去索取自己想要的东西。"

就像我们对待大部分事物一样,要实现上述想法,我们必须定期地、一贯地利用同情。"坚持下去"是关键,不要让您负面的想法操纵您的进程和学习。

**保持动力**。对这一主题保持动力的最重要方式就是现在开口索取自己想要的东西。还是那句话,不要居高临下,提出要求时要亲切,在适当的时候还要讲究点专业性。一旦您搞清楚了在生活中哪些领域您可以多索取自己想要的东西,请留意并以好奇心对待有关的教化。我建议您跟与您一起成长的女性谈一谈,比如您的朋友、姐妹,甚至与您有相似成长经历的人。问她们一些问题,比如"您在索取自己想要的东西的时候会不会畏缩?"或"您觉得生活中有没有一些您需要但又不想找麻烦,随后不再提出要求的东西。"开始对话吧。不要抱怨,要深入探讨。改变始于此类对话。

此外,留意您的进展和胜利并为之欢呼!即使您没有得到自己想要的东西,您能提出来,这本身就是您追求自己值得拥有的东西所包含的东西,也是一种培养信心的方式。

# 04

## 第四章
## 拥抱挑战

把挑战当作来自生活的邀请。

当您的男朋友去了康复中心而您已经怀上了他的孩子，此时您私自打开了他的电子信箱，因为您感觉什么地方不对劲（我的意思是，他去了康复中心这件事本身可能就是第一条线索）。接下来，您就在他的电子信箱里看到了一个跟他在一起康复的女人给他发的一封又一封电子邮件。此前，您在那个令人心痛的"家庭周"期间遇到过她，当时您正当着她和所有人的面向您的男朋友倾吐心声。您知道打开电子信箱中她发给您的男朋友的电子邮件后会看到什么内容，您不想读但不得不读，您知道那种感受吗？而且，您还看到了您发给他的电子邮件，但都是未读邮件，您又作何感想？

您打开了她发给您男朋友的电子邮件，读到了他们在康复中心住院期间发展的这段激情关系。您惊讶地张着嘴，读着他回给她的邮件，邮件中充满了甜言蜜语，两人还讨论了离开康复中心后她给予他经济支持的事情。可怕的感觉慢慢渗入您的身体，因为此时您才意识到，他一边在康复中心出轨，一边向您承诺自己会好好康复以便你们能够重新开始,等您生下他的孩子就一起搬离这个您一直生活的城市。不过,现在您也意识到他以前只是在利用您的钱,现在您没钱了,知道了他的谎言,他又去玩弄另一个女人。您知道那种感受吗?

有一天您发现自己的丈夫(另一个人,免得您混淆)早就出轨了而且打算离您而去,但之前12个月您一直跟他在一起。此时,可怕变成了恐怖。您知道那种感受吗?

接下来,您突然发现自己瘫在地板上,听筒贴着耳边,跟姐姐喋喋不休地打电话:"他又出轨了,他又出轨了,他又出轨了。"此时,您意识到另一头的姐姐也在哭泣。您知道那种感受吗?

不知道?还是知道呢?

您或许没遇到过同样的状况,或许没像我那样觉得自己陷入了"最低谷"。不过,我想您知道那种感受,就像您的生活彻底欺骗了您一样。

我不太记得读过那些邮件之后的几天发生了什么。我只记得我给康复中心打了电话,对他们大声尖叫,说他们怎么能够允许这样的事情发生,疯狂地想找个人出气。我记得有一会儿自己在歇斯底里地笑,整个场面看起来非常荒唐,好像这事儿发生在别人身上、只不过是一场梦一样,而您只是一部非常令人伤心的电影中的明星。

当时我跟前夫还是合法婚姻的状态,他当时故意让我们的邻居怀孕，然后跑去跟她开始了新的生活，住上了新的房子，有了新的孩子，还有了一条新的宠物狗。后来，我开始跟另一个长得像大卫·杜楚尼（David Duchovny）的男人约会。他让我很开心，让我觉得我很重要。结果，几个月之后，我发现他有关我们相处期间自己身患癌症的说法是个谎言，他是个瘾君子，而且一直在利用我。

我不想说谎——这非常糟糕，绝对糟糕。那一天，从卧室地板上爬起来的时候，我知道我的生活再也不一样了，并不只是因为我知道自己以及孩子的父亲不会一起生活，而我也不会得到当初自己所希望的那种浪漫生活，也因为我知道我的生活会发生改变，而且我的生活也对我提出了要求。我要一改从前的样子，要靠自己而不能靠一个男人，我不仅要迈步向前而且要拥有自己的权力。

这是一种邀请。但显然我需要一个抱摔再加上迎面一拳才能收到这一信息。

您或许在回想自己的困难时刻，或许在回想我们都面对的新冠肺炎疫情，或许在回想当年美国引发一系列种族不平等事件的导火索以及此后的苦难。我不会和您争论，也不会跟您说别觉得那些事情让您很艰难。

它们确实让人很难，您必须尊重这一过程。一旦您经历过了，感觉自己准备好了，从感觉这种境况会让自己崩溃转变为这种境况会如何造就自己，这种视角转变可以改变一切。

相信我：这种视角转变的努力一定能够改变您的生活。

## 竖中指毫无用处

在经历个人危机时，怨天尤人并不难。我可以怪前夫出轨、抛弃我，可以怪男朋友撒谎、欺骗、抛弃我，也可以怪康复中心。我甚至想方设法怪自己的父母，怪他们对我的养育方式，怪我的朋友给我的警示不够。为什么没人来救救我呢？

自责也不难。我怎么会那么蠢呢？如果我聪明一点儿、更性感一点儿、更成功一点儿，这本来不会发生。显然，我不懂怎么选伴侣。我为什么这么不善于处理两性关系呢？我有那样的遭遇，原因实在太多了。

对有些人来说，指责是一种逃避伤害的方式。只需一点点麻木和超脱，您就找到了逃避问题而不直面问题的完美方法。可是，您知道我想说什么吗？

有时候指责确实有用。有时候指责能缓解我们的痛苦，能让我们沉溺其中，并得到自己的确需要的同情。我很享受自己得到的同情，很喜欢别人跟我站在一起。我沉迷于怪罪前任和自认有理，我一度感觉自己很强大很开心。

后来就没有了这种感觉。

在我内心深处，我知道这是一份邀请。生活拍了拍我的肩膀，要我站出来。有段时间，我没有准备好。相对来说，退缩、指责、麻木、超脱更容易一些。事实上，摆脱这种状态有些让人害怕。我们觉得玩这场退缩、指责、麻木、超脱的游戏时自己会拥有更多的控制。人们对此表示理解，有时候甚至期待我们如此，直到最终我们肩膀上的拍击让我们再也无法忽视。

此时，我们必须问自己三个重要的问题：

生活对我有什么要求？

我要变成什么样子？

我需要经历什么才能既应付自如又让对方把我当作一个更好的女人？

您必须从惯于指责他人变为承担个人责任，并理解其中的差别。是的，您也许曾犯下人生中最大的错误，而那些决定也许带有自我损害的色彩。也许那些错误曾造成非常可怕的后果。也许您彼时心知肚明但未能付诸实践。但是，时光不能倒流，您没法穿梭到过去做出不同的选择。因此，为之内疚，为您当前的处境和苦痛而自责，对您或任何其他人都毫无用处。现在，您应该为您的当下和您的生活承担起根本的责任。

## 生活的意义

我坚信生活的意义在于我们与他人的关联以及生活旅程本身。人们因为寻找自己的目标而心急火燎，而我在此宣扬您的生活、您的道路就是您的目标。不要原地打转，要不断前行。

我们陷入困顿但从不反思自己学到了什么教训，这才是真正的问题。瞎指责或装可怜会让您困于原地，我知道您拿起这本书不是为了原地打转。您是为了改变您的生活，是为了用好您现在拥有的东西。您拥有的是这一生的经历，其中包括令人开心的事情、令人烦恼的事情，以及介于两者之间的事情。其中也包括困难的事情，而困难的事情就是能够造就您的事情。遇到难题后，您就必须走进您的内心、脑海以及灵魂去面对，去处理，去治愈。我的朋友们，这是一个非常有意义、难以置信、能实现您抱负的目标。

## 手段

当您发现自己处于最低谷因而希望得到一点儿鼓励的时候，给自己提一些有力的问题一定会对您有所帮助。换句话说，您要学会如何训练自己。我们再回到那三个问题，我希望您能问一下自己并认真思考一番。如果您能很快得出答案，这很棒。如果您需要坐回座位再反思一下，这也不错。重要的是，您要走进这些问题，探究一下哪些东西对您而言是真实的。

生活对我有什么要求？高中毕业还不确定上不上大学时，人生中任何不知道接下来要做什么时以及分手时，人们常常使用"我要去寻找自我"这一说法（也许人们不想讲出"我不爱你了"这一事实）。

这就是人们要去朝圣、跟伴侣"暂时分开"或退而追求个人发展的原因。因为我们感到迷失，正在寻找方向。

我们真正要寻找的是我们自己的价值观。我们或者从未找到它们，或者虽然知道它们是什么但此时已经偏离太远，以致我们不知道我们是谁、我们代表什么。我 20 多岁多次失恋时，生活要求我离开我的男朋友，要求我多单身一段时间，以便弄清楚什么对我来说是重要的，要求我跟我注定要成为的那个人建立关联。不过，当时我非常害怕，什么都没做。

那么，现在对您而言，您的生活对您提出了什么要求呢？您希望什么东西对您来说是重要的呢？我指的并非您的父母、同事或您的其他家人所认为的对您重要的东西，而是您希望让什么东西成为您生活的驱动力。如果您觉得自己已经陷于困境，您很可能会既珍惜现状（因为改变看起来太可怕）、自己熟悉的一切（因为不舒服的东西您已经能够泰然处之），又会感到迷失（因为您已经习惯了这一切）。您珍惜这一切，这并没有错，而且显然您并非刻意为之。但是，不论我们在生活中处于何种境地，我们都遵循一系列价值观。不论您是否了解，您的行为都依赖于这些价值观。

您的生活要求您变得更勇敢吗？要求您更正直更诚实吗？要求您依赖您的灵性而不要试图掌控一切吗？您的生活是否要求您看重自信和自尊，而不是放纵自己的思想和行为？

# 第四章 / 拥抱挑战

因此，还是那句话，您的生活对您有些什么要求？不是那种"保持正能量就好"的要求，而是为了让您挺身而出，为自己自豪，您需要做些什么？

要变成什么样子？时不时我会收到一位想要雇我给她女儿指导的妇女的电子邮件。这位母亲觉得她女儿需要一些引导或指导，她希望我能亲自带一带她女儿。因为我自己也为人母，我理解这些希望、恐惧和担忧，但我永远不会同意这些要求。

想加入进来跟我一起努力的人必须乐于改变自己的生活。也许她女儿愿意改变自己的生活，但这跟自己主动求变不同，因为按别人的指示改变自己的生活从不会持久。

对于您想变成谁这个问题，我无法回答。为了变成您想成为的那个人，您必须愿意回顾以往并说出您需要放弃什么。您愿意将自己的哪些部分视为不健康的应对机制，或哪些部分会引发伤害、耻辱或恐惧？或者，也许放弃对您有害的或处处为您拉起界线的恋情会有所帮助。这并不意味着您再也不会重拾这类行为，但一旦您能看清自己，您就更有可能拥有压倒这些行为的力量而不是相反。

这一问题可能改变您的思维方式，从您需要做什么以实现自己的目的变为拥有更大的梦想。您想变成那个对于闪耀感到不安但还是坚持闪耀的女人吗？您想变成那个予取予求的女人吗？您想变成那个冲破自己经济目标的女人吗？

一旦您搞清楚了自己要变成谁，就可以开始想象您可能变成谁。留意您内心的批评家是否会做出一些负面评论，有礼貌地请他走开。

**我需要经历什么才能既应付自如又让对方把我当作一个更好的女人？**恐惧总是伴随着不确定性，当人遇到危机、挑战或糟心事儿时就会遭遇恐惧和不确定性。

事情不如意，也许您从未经历过这种情况，也许您伤心欲绝，而且您不知道接下来会怎样。当您深陷其中时，不宜反思其中的教训。经历煎熬时，如果有人问我："你觉得这么戏剧性地被连续甩两次，你能从中学到什么东西？"我会劈头盖脸地把酒水泼过去。

不过，一旦您走出了震惊、愤怒、悲伤或其他随之而来的感受，您就应该认真地思考一下您需要从什么地方走出来。

不过，我不想略过感情，因为有一样东西您必须走出来，那就是您的感情。通常，我们喜欢绕过去。您可以用食物、酒精、忙碌、锻炼、电话或者任何能让我们逃离而不用卷铺盖走人或装死的东西麻木您的感情。与流行的内在信念相反，您的感情不会要您的命。真相是，您的身体实际上是您最聪明的组成部分，它始终试图实现一种内环境的稳定。这一过程的一部分就是表达和强烈地表达。我第一次跟前夫分居时，我惊恐万分，伤心欲绝，头几个月整天酗酒、服用镇静剂。上班时我常常躲在厕所哭泣，开车时也时不时尖叫。我的感情喷涌而出，但我一直在跟自己过不去。

## 第四章 / 拥抱挑战

遇到困境时,我们都要相信自己的身体懂得如何处理正在发生的事情。抒发自己的感情和情绪是很正常、很健康的事情。跟随它们,直到它们带您上岸。

伤害您的任何东西或任何人最终都可能让您有所得。我并不是说他们的所作所为或那些发生的事情是好的,我要说的是其结局在某种方式上对您有利。

在有些情况下,问题就变得复杂了,比如您失去了一个孩子。也许这是您一生中遇到的最大挑战,它对您的邀请就是,为了孩子您要好好生活。您在思考生活中的挑战时,无须考虑从中得到了什么教训,而要思考您得到了怎样的邀请。

额外问您一个问题。也许您不想问自己以下问题:我怎么会落到这个下场?只有在您愿意理出头绪,防止重蹈覆辙,比如欠下一堆信用卡债务的时候,问这样一个问题才有用。

但是,如果您认为这会让您走向内疚,您也许希望跳过这一步。

### 关于自信

如果要说有一样东西女性成长更需要的话,那就是自信。她们希望能做更多从未做过的事情,说出自己的心里话,为了自己的目标而采取行动以及锤炼韧性,以便能够随时重新找回自己的状态。在第十章中我们将详细探讨这一点。不过,我要反复说的是，自信并不是纯粹靠寻找自信和保持自信来培养的。

自信产自勇气。有两秒钟的勇敢就能培养您做事情的自信。如果您的生活浪漫但不切实际，上述情形不会发生。您猜得对，当生活迎面给您一击时，这种情形才会发生。

再想一下您生活中某个最艰难的时刻。当时发生了什么？您被人甩了，丢了饭碗，晋升希望落空，或者参加了三次面试也没应聘成功。也许您流产了，您的孩子被诊断有特殊疾病，您得了慢性病，等等。

如前所述，因为您是人，您伤心、愤怒、失望，为自己难过、悲痛等。那又如何呢？

听着，这类感受会来来去去。这并不是说您伤心了10天就需要像收起冬天穿的衣服一样把您的伤心收拾起来。难熬的感受可能来了又去，但一旦您度过了最初那种一下趴到地上的时刻，只有您自己才能决定接下来做什么。在个人成长方面，有关痛苦的说法林林总总。一个比较流行的说法大概是：这个世界上有两种痛苦——让人受到伤害的痛苦和让人改变的痛苦。

实质上，前一种痛苦只是让人难受的痛苦。听到凯莉·克莱森（Kelly Clarkson）唱道"那些杀不死我的，终使我更强"，我不禁想到，有时候那些让我们觉得会要我们命的东西仍然会让我们觉得它们会要我们的命。这可能让人感觉苦难没有尽头。我们遇到的挑战让人觉得不堪重负，就像再怎么拼命也撑不住的廉价的单层卫生纸一样垮掉。

后一种痛苦就是让我们改变的痛苦。无论我们被低估、被甩、被冷待还是所爱之人离世，我们都可以选择将经受的痛苦转变成促使我们前行的东西。这可以成为使我们自信的敲门砖。为此，我们要接受这一邀请，走出痛苦、伤害和苦难的烈焰并让它俯首称臣，而不是任它踏在脚下碾压。

### 该死的恶性循环

最后一个要告诉您的手段就是，下次您再为了什么事情勃然大怒时要注意。例如，您的工作反馈不好，您深感内疚。或者，您跟某个约会软件上认识的人约会，但对方无视您。您一直在想：是我的原因吗？为什么总是这个样子？

在这种时刻，别人是在热情邀请您思考您打算如何登场。带着担忧和恐惧，还是带着风度和勇气？您完全可以花些时间担忧或恐惧一番（跟它们打个招呼吧，我也担忧或恐惧过足够长的时间）。假定您准备表现出风度和勇气，看看您对于所发生事情的想法和情绪。哪些东西您可以控制，哪些东西您不能控制呢？问问自己本章提出的问题——生活对您有什么要求、您要变成什么样子以及您必需走出什么状况。也许生活要求您练习韧性或者耐心。最后，看看第一章所讲的您想象中的董事会，给自己加油鼓劲。

### 忘却

**注意。** 首先，注意您什么时候会为自己遇到的挑战、问题和难题而指责他人以及您是否会自责。如果您总是指责，您就会困顿不已。您也许做了错误的选择，别人也许对您做了很糟糕的事情，但是，事情已经过去，您也无法改变什么。您要知道，在您遇到难题时您唯一能够控制的就是您的视角。您希望它只是曾经发生过的一件难事儿，还是希望它成为更好生活的一份邀请？

**保持好奇心。** 在面对挑战方面，您的父母或监护人对您有怎样的影响？他们是否会崩溃或做出什么激烈反应，还是从不谈及这些挑战？您是否有一位克服种种困难取得成功的单亲父母？连点成线或许有助于您同情自己并懂得您正在做的事情都是学来的，而且还要从生活难题的角度来看待自己想要书写的新故事。如果您不想回答我在本章中提出的问题，问问您自己为何抵触。如果您已经适应了这种奋争，也许您为此备受关注，也许这已经成了一种习惯，因此您原地不动也就不奇怪了。您的好奇心也许会让您自问继续陷在这种奋争之中的利害关系是什么。

**自我同情。** 有关您为何为以往的错误自责，您或许会将其归结为一门科学。这是您习以为常的事情，您甚至可能相信这是再犯相同错误的原因。您的心魔就是您的鞭策者，就是那个控制您的人。

在此我要告诉您的是，这不是真的。您的心魔——那个让您备受打击、特别难过的声音——就是您身上让您感到害怕的地方。害怕失败，害怕别人的负面看法,害怕再犯同样的错误,等等。没有谁因为打击变得更好或不再害怕,事情不是这样的。同情自己,理解并接受您的人性,才能治愈您,才能让您前行。

**保持动力**。您要知道,基本上每个人在生活中都会遇到挑战和难题。这种情况下,您可能感到孤独,好像只有您才会背负这样的负担。但是,如果有一件事我们都要面对,那就是生活中的小事,尽管它们可能大小不一。将这类感受当作避免它们的替代品来处理,再想想这种奋争怎样使您变得更强更好。当您深陷其中时,也许并非从精神上体验整件事的时机,但时间会让您有能力接受教训,获得新的智慧。您的每次经历都会给您带来力量、韧性。

## 05 第五章
## 看好钱包

如果您对墨西哥风味快餐连锁店里的美食毫无抵抗力，金钱这个话题可能就像墨西哥卷饼一样内容满满。它味道可口，但如果处理不当，同样能乱成一团。

请允许我现在就要说明：本章并非为了探讨如何投资、省钱或还债的建议，因为讨论这些问题的书籍和专家已经够多了。本章要说的是，金钱等于权力，而我希望您能拥有更多金钱，也拥有更多权力。人们与金钱的关系这一话题往往令人思绪万千。接下来，我将对这两个问题进行探讨，因为作为女性，我们需要多谈谈权力及其对我们的意义以及如何解开有关金钱的情感包袱。

我们先来聊聊金钱。对于人们处理和管理金钱的方式是否具有更深刻的意义，人们看法不一。有些人认为，金钱管理是不折不扣学来的东西，无非就是消费、存钱、债务和投资。尽管对有些人来说情况的确如此，但对很多女性来说，事情并没那么简单。对于我们绝大多数人来说，金钱并不完全只是钱。

## 第五章 / 看好钱包

它并非只是关于想买什么就能买到什么。金钱是分层次的、有分量的，可能让人感觉沉重。我们卸下得越少，拥有的或能管理好的金钱就越少。

我在编写本书目录时就知道，根本问题在于阐明女性怎样才能以最佳方式显示自己的力量，对抗我们的文化给我们的束缚。显然，我们需要谈谈金钱的问题。我见过很多女性，包括我自己，在生活的很多领域都取得了进展，建立了更好的两性关系、大胆发声、开口求助，但她们无视自己与其财源的关系，甚至损害她们自己的经济利益。一般来说，女性非常善于照顾人和事，但金钱除外。往往，我们很喜欢赚钱管钱，但要面对金钱并围绕其展开行动，我们就不那么喜欢了。

直到思考金钱对情感的影响时，我才意识到其影响有多大。我环顾四周，意识到很多其他女性也需要这样去做。

此时，也许您也明白自己需要解决金钱问题。不过，为防您还心存狐疑，我们分开来说。请您确定是否难以应对以下跟金钱有关的问题：

- ☐ 您无法或不愿谈。（或者，即使您谈了钱的问题，但心里非常不安。）
- ☐ 您知道自己本来可以挣到更多或者您要价低了。
- ☐ 您让伴侣处理所有经济事务，自己完全不了解情况。
- ☐ 您入不敷出。

- □ 您无视您的钱（也就是说，您不面对自己的债务或银行账户）。
- □ 您守着您的钱但无时不担心自己会突然一无所有。
- □ 您为曾犯过的（您或许正在为其付出代价）财务方面的错误而感到羞愧或尴尬。
- □ 您为自己没学好怎么管理金钱而感到羞愧或尴尬。
- □ 您从未跟另外一个女性谈过有关存钱或为退休后投资的事情。

如果您存在以上问题，在金钱本身方面您没有任何问题，但您跟金钱的关系方面有问题。要知道，我们都跟金钱有关系。只是，我们当中有些人跟别人的关系失调，我们跟金钱之间也存在很多失调（有时甚至极其严重）。

那么，请准备好，现在我们要谈一些让人不那么舒服的事情。

### 您被灌输的金钱观

几年前，我丈夫和我需要找个保姆，这样我们晚上就可以约会。有人给我推荐了几个。在问到她们每个小时收费多少时，我注意到跟我对话或发信息的大部分女孩都有个共同点：她们不肯告诉我想要多少钱。相反，她们会说："您想付我多少都可以。"这引起了我的注意，因为绝大部分年轻女性都是这样

## 第五章 看好钱包

回答的。

我开始想……我女儿到能当保姆的年龄时,我也希望她这么回答吗?我会希望,无论对方付多少钱,哪怕对方说要用魔豆付款,她都说可以,从而把一切全都交给别人来决定吗?我会觉得她太年轻还无法给自己定价吗?或者,我会觉得如果她告诉一个成年人自己要多少钱就不礼貌吗?

另一方面,我可以让她提前考虑好定价,而且能够通过告诉对方自己做保姆的价值来支持自己的要价。然后,再教她如何讨价还价。比如,如果在对方家里做额外的家务或自带学习游戏都应该得到额外报酬。我希望教会她,有礼貌地告诉对方自己的时薪要求,既能让她对自身的价值以及讨价还价的能力树立自信,也是对对方的一种尊重。

我把自己的相关看法发布在了脸书上面后,该帖被几百人转发,甚至还引起了媒体的注意。我想说的是:通常做保姆是女孩子的第一份工作,我们需要为她们将来成功就业做好铺垫,让她们不害怕索取自己应得的回报。在对我脸书贴文的回应中,大部分评论来自成年女性,她们说:"我从未想过教女儿这些东西。""我年轻时没人跟我谈过这个。"

相反,我发帖时,尤其是贴文被转发后,我也听到了一些反对的声音,声称十三四岁的女孩子还太年轻,不应该跟一个成年人说自己要多少钱,这种事儿应该留给成年人。我不知道这些人生活在哪个世纪,但是,如果您养育过孩子,如果您教过她们如厕、让她们吃蔬菜或上床睡觉,您应该知道小孩子是懂得谈判的。

这关乎金钱,但不仅与金钱有关。尤其是,关乎女孩时,我们需要告诉她们足够聪明,而且也足够重要,应该能够替自己思考。十几、二十几岁的孩子已经不小了,应该知道自己的个人价值以及之后应该怎样做。在她们还是青少年时就教会她们这一点是一种积极的方式,能为她们用不失尊重、被善意看待的方式索取自己想要的东西铺平道路。

无论您是否有女儿,读到此处,您或许都会思考自己以前和现在没有要求的事情以及您与金钱的关系。如前章所述,您的赋权始于您的要求,您的要求大多包括金钱。

### 不是您祖母的钱

我猜您母亲或祖母都无权支配自己的钱。当然,这有些一概而论。不过,对于我接触过的大部分女性而言,情况的确如此。在我们上一辈当中,白手起家或能够掌管钱袋子的女性往往寥寥无几。

鉴于人们往往会像祖母传承自己的香蕉面包食谱一样传承信念,金钱也不例外。想象一下,如今您正有幸(或许不幸)成为促使人们就该话题做出改变的一代人中的一员。您无须变得富有或成为金融专家才能改变这种一代代的传承。您可以从

第五章 / 看好钱包

精神上，尤其是情感方面采取必需行动来改变您与金钱的关系，并将其传递给年轻女性，如您的女儿、侄女、其他家人或朋友。就像深入探究生活中任何问题或盲点一样，从年轻时开始都是一个很好的起点。拿出一张纸，最好是一个笔记本，因为您可能要写满几页纸。问您自己以下问题：

1. 您对于父母或其他监护人最初谈论金钱的记忆是什么？他们说了什么？当时他们表现出了什么情感或情绪？换句话说，除了他们的话，还有些其他什么东西吗？（您的领悟正确与否并不重要，只要把您记得的东西写下来即可。）

2. 有关金钱和个人财务，您父母给您明确说过什么？他们有没有告诉您把零花钱都存起来以备不时之需、为读大学或其他情况做好准备？您是否有零花钱？他们有没有告诉您不可以随便花钱？

3. 您的父母有没有因为钱而争吵或意见不合？他们有没有花了大笔钱但没教过您该怎样花这么多钱？他们对于信用卡的看法是正面的还是负面的？您是否跟着某个一向为钱担忧或因为钱而对另一位父亲（或母亲）有看法的单亲长大？

4. 您读高中时曾做过什么工作吗？为了什么而做或为什么没做？别人教给您怎样的职业伦理，与金钱又有什么关系？

5. 您成长过程中见过女人管钱吗？如果有，她们管得好还是不好？您有没有见过或知道哪个女性从事银行业或金融业？

6.您认识富有的女性吗？您怎么知道她们富有的呢？关于那些人或有钱人，您父母或其他成年人说过什么？如果有，她们的立场是怎样的？换个说法，她们是白手起家还是通过其他方式才成为有钱人的？您的看法是什么？

7.您是否常常听说："树上长不出金钱""我们买不起""我们缺钱"或任何有关金钱的事情？

写完所有答案后，您或许已经热泪盈眶（对不起，我对此并不觉得遗憾），我希望您回去写下与您的答案有关的故事。基于这些答案，您的故事与以下哪些方面有关？

- 钱
- 女性与钱
- 财富、存钱与投资

在下面的章中，我们将详细探讨编故事这一做法。不过，现在您可以把您幼时所学及其如何转化成了您如今的思想、信念和行为连点成线。

稍晚些时候，我们还会再回头对此进行探讨。在此，我想先讲一个小故事。如果您和我年龄相当，您或许还记得那种带有一张小唱片的迪士尼故事书。播放唱片，您就能听到里面的故事，到了您手上的书该翻页的时候唱片中就会播放一些声音（我觉得这可能会让有声书再度回归）。在这些故事中，我最喜欢的是101忠狗。当时我大概五六岁，很迷这本书，又是听又是读。库伊拉·德维尔（Cruella de Vil）是一个百万富婆，也是我遇到的第一个虚构的富婆。她的名字其实一语双关，把"残酷"和"魔鬼"结合了起来。她做了一个小孩子绞尽脑汁才能想到的最邪恶的事情——给小狗剥皮。即使作为一个成人，我也觉得她是所有迪士尼人物中最邪恶的那个（我在网上搜了一下，结果也是如此）。我自己，或许还有成千上万的其他小女孩，最初认识的富婆非常可怕。她是一个可怕的、可憎的、伤害小动物的女人……不过她也很富有，而且她就是那样积累财富的。

您或许会想："那真的有这么大的影响吗？它只不过是一部迪士尼电影罢了！"

也许的确如此，也许并非如此，但我想不出在自己成长过程中有哪个虚构的或真实的女人是富有而善良的，尤其是想不出哪个女人是白手起家的。即便真的有哪个女人非常富有，那也是因为她是别人的妻子、女儿或者某个有钱人的寡妇。底线是：我们完全没有或很少有富有女性的榜样。不过，这绝非小事。

所以，当您回答上述问题，编写有关金钱、女人和金钱、财富、存钱、投资的故事时，我希望您考虑一下所有可能向您灌输金钱以及您的权力相关看法的东西。根据不同年龄、种族、宗教、阶层、能力等，这些东西可能也会不同。但是，您的故事完全属于您自己，忘却旧的有关金钱的观念并重新学会新的观念，这非常重要。

## 这不仅关乎金钱

厘清您与金钱的关系很重要，探究您与债务、存钱和投资之间的关系可能会特别有帮助。也许您跟金钱的关系不太好，您一直深陷于债务之中。也许您欠了又还，还了又欠，您下定决心努力工作想还清债务，可马上又欠下了新的债务。相信我，还了 6 万美元的债务后，我知道无债一身轻是怎样的一种感受。不过，您还是断定："欠 1 万美元也没什么大不了的。"然后，又开始欠债。我清楚自己与债务之间的关系多么复杂。债务就像您找的那个不好的男朋友或伴侣一样。您知道这对您不好，但您就是忍不住又跟他走到了一起。弄清楚您与债务之间的关系，有助于您弄清楚您与金钱之间的关系。

也许存钱和投资让您困惑，也许您觉得那是"其他人做的事儿"，或者更确切地说是"男人做的事儿"。阿曼达·斯坦伯格（Amanda Steinberg）在《值得：你的生活、财富和地位》（*Worth It*：*Your Life, Your Money, Your Terms*）一书中，引用了 2016 年富达集团的研究，称："绝大部分（82%）被调查的女性对于管理家庭财务和预算非常自信。但是，被问及她们是否有能力规划自己的长远经济需求（37%）或选择合适的金融投资（28%）时，她们的自信骤然下跌。"她继续写道，该

## 第五章 看好钱包

研究中大约四分之三的女性希望多了解一些金钱和投资，但绝大部分女性都不愿跟任何人谈论自己的财务。该研究中的女性声称，最大的原因是：这令她们不舒服或者她们受的教养要求她们不要谈论财务。

在我 20 多岁时，金融顾问是为富人准备的，而我当然不是富人。我曾有一个金融顾问，唯一的真正原因是，那是我以前的公婆给我安排的（老实说，是为他们的儿子找的，因为我们的钱是共有的，而我毫无选择）。我参加过很多自己完全不懂的会议，会上也从未提过任何问题，因为我总被投资组合这样的词吓得不敢作声，而且我对股票市场如何运作也一无所知。我觉得自己不属于那里。

我离婚然后再婚（我的确再婚了，而且开始了一段全新的婚姻）的时候，那个金融顾问留了下来，直到 40 岁时我才决定不再远离我的金钱。我不再无视他的电话，不再无视我自己的问题和困惑，不再无视自己的金钱。

我一直觉得"如果我只赚了 ×× 美元，我哪里有资格做这事儿呢？""这事儿"是指管理我自己的钱。"这事儿"意味着发现其中的真相和力量。

看看因为无视您会丢弃什么样的力量。我希望您彻底搞清楚：关于您和您的钱，您作何叙述？对于赚钱和花钱您怎么看？这些观念，无论您是否意识到了它们的存在，都在支配着您的生活、您的未来还有您的力量。一旦您意识到了它们，您就可以改变自己的叙述了。

## 我们需要谈谈

既然您已经开始书写您的金钱故事，那么接下来要做的就是学会享受谈论金钱。正如上文富达集团的研究中所提到的，谈论金钱往往会令女性感觉不舒服。我们谈得越少，就会管得越差；我们管得越差，拥有的就会越少。我不知道谁规定了谈论金钱，尤其是女性谈论金钱，是一个禁忌或"品位差的事情"，但女性都认可这种说法。这种说法纯属胡说八道，就像曾有人认为抽烟对他们有益一样。由于谈论金钱不礼貌这种老掉牙的观念的存在，人们觉得绝不能谈论金钱。这毫无道理。

试想一下，钱是我们用来买东西的货币，而我们只能抱怨自己多么穷困潦倒却几乎不能谈论金钱，这多么令人震惊！

如果您对于谈论金钱感到犹豫，我希望您花点时间想想避免这一对话要付出什么代价。您不要求加薪或晋升，提供服务多年后不提加薪的要求或让伙伴处理金融事务，您会损失多少钱？如果您的答案是"我不知道"，您绝对损失了本该属于您的钱。那么，就让我们达成一致，努力让自己能够谈论金钱吧。

20世纪90年代末，我获得了自己第一份"真正的工作"。我尖叫着告诉朋友们我有了自己的办公桌、自己的电话分机。

## 第五章 / 看好钱包

那是一个一年 27000 美元的带薪职位。我从未想过自己被录用时本可以要一份更高的薪水，真的从未想过。我原以为自己"得到了应得的东西"，对于打败其他来面试这份工作的年轻女性我应该感到高兴，因为之前从未有人跟我说过我本可以要求一份更高的薪水。

几个月后，我被要求做的事情越来越多，而那些事情都不在最初的职位描述之内。当时我每天都要工作很长时间，而每个星期的工作时长远远超过 40 个小时。有一个周六，我正上班的时候（当时办公室里只有我一个人），我用计算器算了一下，如果算上我加班的时间，我的收入还不到最低薪资水平。而且，我从未想过可以就自己的工作岗位讨价还价或要求更多的钱。相反，我想了想："这不公平！"然后就坐了回去，在那里闷闷不乐。

在《好女不过问》（*Women Don't Ask*）一书中，作者琳达·巴布科克（Linda Babcock）和萨拉·拉谢佛（Sara Laschever）指出，毕业后找自己第一份工作时，男性就自己的起薪讨价还价的可能性是女性的 8 倍。在自己的工作生涯中，女人这一看似微不足道的疏忽可能意味着她们退休时要少拿几十万美元。您打算退休期间怎么花这几十万美元呢？再置办一所房子？供您的孩子或孙辈上大学？开一个大猫避难所？您想怎么花这笔钱并不重要，重要的是您要学会就薪资和加薪讨价还价，这样您才能得到这笔钱。

我要说的是，由于受到的教养基本上不让我们谈论金钱，我们在整个长大过程中都没有学过如何就报酬讨价还价，更不要说在刚求职时就懂得讨价还价了。实质上，我们觉得这是一个"不属于"我们女性的话题。朋友们，这种状况必须改变。

**两性关系中的金钱**

我的一个密友和丈夫自己的钱自己管，并非常出色地设计了一个让双方都觉得公平友好的财务体系。他们在经济上都经历过起起落落，有时其中一个人有一段时间没工作，或者其中一个比另一个赚得多，遇到此类情况时他们会互相帮忙。这种成功的关键是什么？对此，我的朋友多次表示，关键就是双方在个人和夫妻层面所进行的沟通以及成长的意愿。

您也许已经结婚或有了自己的伴侣，但是，即便还是单身，如果您正在恋爱也要考虑这一点。尤其是，如果您是单身，我恳求您早点儿开始这场有关赚钱、债务、投资、花钱或其他有关金钱的对话。不要等到已经结婚了才发现配偶欠了很多债。不要等到您的两性关系已经进入第10个年头才了解对方有关为退休存钱的观点。如果您计划待在家里带孩子而不出去工作，不要等到后来才了解钱会怎样分配、怎样花。如果您已经跟某个人赤裸相见，跟他谈钱是合情合理的事情。两性关系非常亲密，人们跟钱之间也是如此。

就两性关系而言，如果您刚开始恋爱，那么现在就进行这场对话。让您的伴侣知道健康的财务对你们都很重要，哪怕这只是您自己的想法。您这样做的目的是让你们的财务井然有序。

## 跟专家谈谈

如果您没有金融顾问，那就让您信任的朋友、家人、同事或经理为您推荐一个。现在就把这件事放在待办事项表上。谷歌上面可找到的人多的是，去问问他们，并留意自己是否对此感到不舒服、焦虑或任何其他"细微"的感受。对您而言，这可能是一件从未做过的事，也许也是您一贯躲避的话题。不管怎样，您都要走出这一步，您要知道有很多女性都支持您。她们面带微笑，欢迎您加入自己掌控自己的钱和自己的未来的世界。有关 401K 养老金计划或其他投资，同样如此。先找您的雇主去问问相关情况，因为人们常常还没完全弄清楚情况就盲目报名。问问题时您或许会觉得别扭，但实际上他们的工作就是帮您弄清楚情况并回答您的问题。一旦您的别扭劲儿过去，一切都会明明白白，您也会重获力量。

在此，我希望您至少懂得谈论金钱并不是一件坏事。您感受到的羞愧或不安是您的父母、家人以及我们的文化对您的教化。今天，您再也不需要这种教化了。如果您希望出言成真，在您说出天上掉钱之前，您要先说出您的金钱故事、观念以及跟钱相关的所有情绪。

## 权力

在《女性与金钱》一书中，苏茜·欧曼（Suze Orman）说道："没赚到盆满钵满之前别想在生活中强大。"

现在，让我们都花点儿时间想想这句话。

这一引语中最显眼的就是"在生活中强大"这一短语。我的意思是，这听起来非常令人振奋，对吗？可是，这对我们到底意味着什么？尤其是现在，疫情在全球肆虐，美国因为骚乱而撕裂，在此背景下，让一个女人"在生活中强大"是什么意思呢？

我在本章中多次提及权力这个词，而且接下来还会不断提及这个词。我们在任何时候都可以聊聊权力。如果您打算修补您与金钱的关系，您必须修补您与权力关系中的任何失调。

暂停一下，想想权力一词会让您做出什么样的反应。它会让您想到什么，让您有何感受？您是否有兴趣谈论、阅读或了解权力？或者，您是否会退缩、紧张或不想谈论权力？它是否会让您想到一个曾伤害过您的人？它是否会让您想到一个您对其有看法或不想与其为伍的女人？

特意谈到女性和权力时，您会采取哪种叙述？您是否相信，一旦有了权力，我们必定会暗中伤人或实施阴谋？我们会跟其他女性争斗不息、冷血而且处心积虑？

虽然这是人们公认的针对女性的成见，但相关研究表明，从统计意义上来说这并不真实。事实上，很多人相信只有男人才会对权力感兴趣，而女人不会对权力感兴趣。就成见这一话题而言，有些人认为男人和女人在树立、维护以及表达权力方面存在巨大差异。事实上，相关研究表明，处于领导职位上的女性越多腐败越少，因为女性不太会卷入到受贿等事情之中。

正如您有一些有关金钱的核心故事和观念一样，您可能也有某些有关权力的核心故事和观念。我希望您能花些时间想想那是什么，并回答一些重要的问题：

如果您能给权力下个让您感觉美妙的定义，那会是怎样一个定义？

如果您有更大的权力，您打算拿来做什么？

如果您有更大的影响力，您想把人们带向哪里？

想一想您的价值观，如果您拥有更大的权力和影响力，怎样才能更凸显和更接近自己的价值观？例如，如果您有一些可支配收入，您会捐给自己热爱的某个从事自己所信仰的工作的组织吗？您会捐给那些支持您觉得重要的政策改变的政客吗？

这就是权力和影响力。

如果您难以接受权力和影响力（我指的是超越某个社会时

尚博主影响力的影响力）这两个词，我请您不要略过我在此处提出的第一个问题。自己给这两个词进行定义或再定义。如果您觉得权力很负面，要让它变得正面。

历史上，女性不像男性那样拥有那么多权力。正如我在前面章节所提到的，相关研究表明，如果男性和女性被同时提问，在男性身上强大会被视为一种美德，而在女性身上则会被视为一种失德。这是我们所受到的教化和社会化中根深蒂固的东西。写写日记，起草一份宣言或者涂鸦，您可以用任何方式定义或再定义权力的含义，因为事实上您拥有权力、值得获得权力、有能力获得更多权力，并成就一番伟大的事业。

鲁斯·巴德·金斯伯格说过："所有的决策都应该有女性参与。女性不应该是例外。"要参与决策，女性就要接受权力。

在您思考自己对权力的定义时，特别是您难以定义时，我希望您能在谷歌上快速搜索一下"布琳·布朗关于权力的文章"。布朗有关领导力的研究非常全面。我们在此仅做一下管窥："令权力危险的是权力的使用方式。人们行使权力是因为受到了恐惧的驱动。大胆的、富有变革性的领导人会与他人分享权力，赋权于他人，鼓励他人开发内心的权力。"

当然了，我觉得本书所有章节对于您的提升以及我们未来的改变都很重要。尽管它们对女性尤为重要，对于您个人以及文化层面的改变也很重要，但金钱能够创造奇迹。在美国，谁都不能否认有钱就有权，而有权者就有能力帮助他人上台（或自己上台），就能给想扶持的慈善组织捐助，总的来说就有更多选项可以选择。

不论您是谁，或许您居家、工作、开公司或者只是每天动动嘴皮子，您都可以管理好您与金钱的关系。

## 忘却

**注意**。您在什么情况下会被金钱触动？您那些跟金钱有关的故事和观念是否妨碍您申请加薪、让您寅吃卯粮、不存款、不投资或损害您的财务健康？注意您什么时候会说"我买不起"（即便您真的买不起）、"去度假肯定很棒"或者任何让您感觉被遗忘的事，比如您被漏掉了或无法"实现"自己的经济目标等。注意这些想法有助于您注意自己什么时候会采取直接影响您钱袋子的行动（或不采取行动）。

**保持好奇心**。我在本章中提了不少问题，把这些问题写进您的日志。这对于您忘却旧的教化、审视您究竟信奉什么以及学会新的观念至关重要。

其他问题包括：我为什么对投资有这种感受？我为什么不存钱？如果我索要更多金钱可能会发生什么？

不偏不倚地说，您知道这只是您的起点。它不是让您现在就能够正确地回答那些内省的问题，而是翻箱倒柜寻找答案（也许是寻找散落的零钱），看看能找到什么，努力跟您的金钱乃至您的财务建立一种新的、更好的关系。跟金钱建立更健康的关系，什么时候都不晚。

**自我同情**。您回答完上述问题后，可能会获得很多重大启示。也许您意识到了自己本来值得加薪，但因为自己从未提出加薪要求而损失惨重。也许您已经50岁了，还没开始为退休存过钱，因为无视退休不像面对退休那么痛苦。或者，也许您已经意识到，您一直把富有的女性当作贪恋金钱的恶毒女人，而您绝不想成为她们那样的人。

首先，您要知道您并不孤单。相当多女性都有金钱方面的烦恼，虽然现在您或许还无法为钱而挥舞双手，我希望您很快就能意识到第一步总要从意识开始。现在您已经知道了！其次，表现出一些风度。即便有了很多钱，您还是有很多工作要做。内疚不能帮您解决钱的问题，当然也不会让您更富有。

**保持动力。**在此，最重要的事情就是，如果您准备改进自己与金钱的关系但还没开始动手，您要先跟信任的金融顾问或某个比您更懂钱的值得信赖的朋友谈谈。

从小事做起，一步一步来，很快您就会觉得，您会成为有关自己的钱的专家。

此外，跟您的朋友谈谈您在本章读到的话题，确切来说，跟您的女性朋友谈谈。目前，这种对话在闺蜜圈子中进行得还不够多。进行这样的对话，不是为了炫耀您赚了多少钱，也不是为了压别人一头，而是为了让金钱成为常规对话的话题，就像我们谈论的发型或在照片墙上看到的表情包一样。还有，这是为了忘却几代人对金钱的假定以及女性不应该谈金钱的成见。

在自己生活中发声与您的个人权力直接相关，您的权力又与金钱直接相关。让您的钱为您工作，畅谈您的进展吧。

# 06

## 第六章
## 勿忘智慧

从 2006 年起,我开始跟一个骗子约会。显然,当时我并不知道他是个骗子,但我从一开始就感觉哪里有点儿不对劲。

我们第一次约会是在一家饭店。当时,我们相对而坐时我就感觉有些不对头。他好像好得离谱,但我也说不清怎么回事儿,所以就没放在心上。

我们第二次约会时,他跟我讲的那些故事听起来有些奇怪,其实也有一些值得警惕的征兆(比如他告诉我他能看到娶了我、我有了他的孩子的样子),但我还是没放在心上。

几个月后的一天深夜,在我忽视了大约几百个红色警告之后,我发现自己到了墨西哥的提华纳。之前他告诉我他得了癌症,而且没有健康保险,因此不得不向南跨过边界去弄那仍有争议、尚未被美国食品药品监督管理局批准、墨西哥有货、无法拼写因而谷歌上搜不到的"抗癌药物"。事实上,他是个瘾君子,带我是去购买毒品的。而之所以带我去,是让我付钱的。

事情还不只那个深夜。事实上,在那段关系以及我的其他恋情中的种种时刻,我总会优先考虑我伴侣的感受和自在。

在这一过程中,我学会了讨好他人、证明自己、表现自己和自我改进,这一切都是为了被接受、被认可和被爱。

提起这件事让人心痛。想起自己曾经那么迷失、不安全和绝望也让我心痛。曾经我愿意压抑自己尖叫的本能,用自己的个人尊严去交换毫无未来的乱糟糟的恋情。这是为了什么呢?为什么会这样?

接下来,我们将寻找这一问题的答案,以及如何磨砺自己的本能这一问题的答案。我希望,通过回忆您曾经无视您的本能的经历,您能够从中汲取见识,了解您受到的制约,学会一种新的更好的方式。

### 我们为何无视自己的本能

虽然我认识的人从未有人明确地告诉我"优先考虑他人的感受和自在是你的责任;即使对自己有害也必须取悦和迎合他人",但这确实是我学到的东西。在我们的孩提时代,有很多次,我们被告知要坐到很多人的腿上(包括但不限于圣诞老人),尽管我们并不愿意。有时我们被告知要拥抱弗拉克(Frank)叔叔,而当时我们真的不愿意这么做。也许因为这么做让我们很害怕,也许因为他是个陌生人这一事实让我们觉得别扭。有时,我们会听到妈妈问爸爸可不可以出去参加母亲之夜或能不能花100美元买件裙子好应邀参加某场婚礼。成年后,即使我们很饿或很饱我们也不会理会自己身体的声音。还有，即使我们知道某段恋情对我们来说非常糟糕，无论我们多么努力尝试改变对方，对方都不会有丝毫改变，但我们就是听不进去。

相反，也许您的弗兰克叔叔没那么可怕，也许您的妈妈基本上都是自己说了算，但问题并非只关乎个例或您是否也有上述遭遇。我要说的是，我们、我们的母亲以及我们的母亲的母亲都有过的集体经历。毫无疑问，从几代人之前直到我们，已经过去很久，但还有很多很多事情要做。

我们要弄清楚我们的家人、我们之前的那些女性传下来的观念当中哪些是真的。我们很多人相信，作为一个"好女人"，我们最重要的责任之一就是让他人优先以及不要让其他人不安。

因此，当我们真的听到了本能的声音并要为此采取行动，但可能会让别人不开心或不爽时，就顾不上我们的本能了。

在我上面讲的故事中，我本来必须跟我的男朋友说"不"，但这可能会让他不安。当时，我没有信心、自爱、自信或任何可以应对相关后果的手段。无视自己的本能、拿自己的安全去冒险，要比按自己最明智的部分（即自己的身体）说的去做更为轻松。

亲爱的读者，我知道您也有跟我类似的故事。

是的，有一些练习可以磨砺您的本能，下文将对此予以阐述。不过，在我们着手处理大问题之前，我们需要先后退几步。

至于磨砺本能，只学会如何听到我们本能的声音是不够的。对一些人来说，这只是问题的一部分，主要的问题是我们没有按自己的本能行事，因为如前所述，我们学到的总是以他人为先（按我们的本能行事常常意味着让别人不开心、不舒服）以及不信任自己。

有时候，我们会不按本能行事，这样做意味着我们不得不采取痛苦的、困难的行动。我当时没有跟那个大骗子分手，是因为我对于自己的人生处境感到羞愧：一个30多岁的女人，曾有过一段失败的婚姻，没有丈夫而且没有孩子（这是另一件我们的文化责难我们的事）。相比转身离开重新开始自己的生活，留住一段不健康、注定失败的两性关系却没那么痛苦。

我相信您确实听到了您的内心智慧，但由于依此行事的风险很高，很多时候女性会压抑这种声音。我也相信女性天生就喜欢弄清楚自己想要什么、什么东西或人对自己有益以及能够自信决策。我相信我们生来如此，但受到的教化让我们失去了这种智慧。为了记住这种天生的智慧，我们必须对这一问题进行梳理、建立一个新的信念体系并练习倾听自己的本能。

### 本能与创伤

说起什么事情能够改变自己的生活，它指的绝不是自己有意改变、决定实施改变而随后改变就会奇迹般地发生。尤其是，

# 第六章 / 勿忘智慧

它并不意味着,如果您不得不忘却您这辈子不得不学的东西,上述改变就会蜂拥而来。

在开始谈这一点之前,我想先谈谈创伤的角色。我的朋友兼同事特里·科尔(Terri Cole)是一位精神治疗医师,她告诉我糟糕的童年可能对于我们长大后听从或不听从自己的本能有很大影响。她说:

> 对某个童年时受过虐待的女性来说,她可能会对自己的本能感到困惑或完全听不到自己本能的声音。也许妈妈会告诉孩子们应该感激继父对她们的照顾,尽管妈妈睡着的时候继父会虐待她们。最后的结果就是这个孩子的现实始终被否定。
>
> 对于成瘾家庭,情况可能同样如此。例如,夫妻两个大吵了一架(吵架的情形和形式视家庭类型而定),但几乎两个人都决定对此加以否认,"我们默认双方都不说昨天晚上发生的事,好吗?"其中,包括否认那些破碎的杯碟、吼声、打斗,等等。第二天早上,孩子们醒后,看到的是所有人都若无其事地在吃早餐。因此,她们就认为这就是家里处理这些事情的方式……即闭口不谈。

在存在虐待的家庭中,很多时候,就算没人说什么,大家也觉得都必须把嘴闭严。孩子能感受到羞耻,懂得家里出了问题,也好奇自己是否曾经或正在犯错。这种事儿可能发生在孩子身上,甚至成人身上,因为我们一直都想弄明白自己的经历。

在某些家庭中，对孩子来说，遇到会带来创伤的事情（虐待、疏于照顾子女等）自己试图求助于父母时，本能会让他们求助于自己主要的监护人。有时候他们会听到"你想象力很丰富"或"没这回事儿"。这种回应会让他们认为自己的本能不仅不存在而且是错误的。

无论通过言语、否认或行为，家庭都可能会否定孩子的现实。孩子长大过程中会形成有关安全或不安全的思维模式、内心故事或观念。即便他们被带离了这一环境，然后被置于一个安全的环境（"安全的环境"是主观性的，因为很多时候即使在外人看来安全的地方，孩子也感觉不安全），他们也可能往往不相信或不在乎自己的本能。

这种状况并不限于童年受过创伤的成年人身上。也许您的家庭极其强调外在表现，您长大后成为一个完美主义者、A型性格者或谄媚者。或许，这会发生在一个期待很高、非常虔诚的家庭，对于女性来说，拥有多种美德是一种非常重要的价值观。有时候，您没受过多少创伤或从未受过什么创伤，但童年时您或许学会了大人总是正确的，而且在成长过程中还学会了不信任自己。这种养育让信任您的本能变得非常复杂。如果您始终盯着外部，就很难专注于自己的内心。

47岁的苏珊（Susan）告诉我："我一辈子都无视自己的本能。恋爱、工作等均是如此。有时候我会对自己隐瞒真相。我害怕提问题，因为我担心美梦破灭（即便我真的认为这种最

# 第六章 / 勿忘智慧

坏的场景很少）。在自我照顾方面，无视本能是我犯过的最大的错误之一，而且也可能妨碍我在客户、丈夫和朋友面前做最好的自己。"

"在成长过程中，父亲被诊断为边缘型人格障碍，而且对弟弟百般溺爱。父亲对我进行言语和身体上的虐待。妈妈患有双相情感障碍。她离开了父亲，但把我和弟弟留给了父亲。"

"由于父亲患有边缘型人格障碍，我对于情绪变化一直非常敏感，我尽可能不惹他。我渐渐对疼痛麻木，只求能活下去。我知道自己患有创伤后应激障碍和焦虑症，这些障碍让我很难理解自己的内心感受。"

苏珊的故事是一个典型的难以倾听自己本能的例子。她的童年建立在以下情况之上：在一个本来应该让她感到安全、感到被爱的地方，她的本能告诉她那里并不安全。

如果您觉得您对某些事情的反应方式源于以往受过的创伤，或者您无法理解恐惧反应中自己的本能，我希望您能找人帮您拆解那些影响您的身体并可能让您困惑的陈年往事。如果听到有人说"听听你心里的声音！"或者有人问"内心的智慧怎么跟你说的呢？"您感到沮丧或者过去遭受过创伤，我想让您知道您并不残缺，您没有任何问题，这种事比您想象得更为常见。这一领域的专业手法应该能帮到您。同时，您仍然可以继续磨砺您的本能技巧。

## 别胡思乱想

很多女性跟我说她们"满脑子都是事儿，而且一直这样"，这让她们没时间想其他任何事情，只希望能够保持理性，只希望能想出一个改变自己生活的方法。别误会，我和其他女性一样喜欢聪明的、精心构想的计划，但当我们依靠自己的头脑时，我们的心和身体帮我们想事情、做决定的空间就少了。我相信我们的所有部分都一样重要，关键在于我们如何使用它们。

不倾听本能跟我在本书中所述的其他行为十分相像——您可以在生活中采取的一个行为是指出某事……"不怎么样"。您可能想通了某些事情，无视您的内心智慧并犯错，然后再设法纠正。很多人一辈子就是这么过的。不磨砺、不倾听您的本能，最好的自己也就被您忘却了。您的内心智慧就是您的家园，您值得探路找回自我。

正如本章前文所述，我们不倾听本能或不努力对其进行磨砺还有另一个原因，即这么做可能意味着我们不得不做出艰难的、改变人生的决定，很多时候伴随其而来的可能是一些非常艰难的对话。但是如果我们做出了"出色的艰难决定"，我们就走对了路，它会带我们实现人生目标，万事顺意。

当我们努力倾听自己的内心智慧并依其行事时，有时候我们的身体感觉不错，有时候感觉别扭或不确定，有时候则毫无感觉。我希望您的肩膀上能出现一个小矮人，冲您点头，为您跳胜利之舞,或者您的信箱中能有一张小纸条,上面写着"祝贺您!您倾听了您的内心,做出了正确的决定。一切都会如您所愿。您是赢家!"不过,那不会发生。

练习、磨砺您的本能,是学会倾听以及信任本能的最佳方式。信任自己是这一议题的关键,就您的价值观而言,争取空间、索取所需以及您的赋权就是关键。练习、学习信任自己,您就会变成自我存在的女王。

本能有个特点:当我们不倾听本能时,它一定会返回来纠缠我们。它会成为最明显的、只有我们能感受的东西。只是它态度偏激,等时机到来时就会对我们下手。下面我们详细谈谈本能。

## 手段

好消息(也许是坏消息)是,如果您年龄到了,开始对本书感兴趣,很有可能您已经当面领教过这些教训。您看,磨砺本能最好的方式之一就是记住每一次因为不倾听本能导致生活一下子被毁掉的经历。

这种状况往往发生于建立关系(各种关系,不限于恋爱关系)和做事业决定之时。也许您的内心告诉自己您的伴侣或准伴侣出了状况,但正像上面我自己的例子一样,您没有倾听自己的本能。或者,在工作中,您知道自己本不应该从事某项工作,但由于它会让您的简历出彩，您还是接下了那份工作。

花点儿时间考虑一下您自己的具体情况。想想您做出的违背自己本能的决定，即便当时您并不确定本能会让您做出不同的决定。

我不太关注这些具体情形，但我非常希望您问问自己为何忽视了自己的本能或对其予以了质疑。是因为您不信任自己吗？是因为按您的内心智慧行事就不合逻辑吗？例如，如果您的内心想让您担任中学音乐教师，但您却在唱片公司担任了公关工作，也许您这样做是因为公关工作工资更高、朋友或家人们听起来觉得很酷、也像是一份"成熟的工作"。但是，当时您内心想的是教孩子们音乐。您不必为让自己后悔的决定而自责或自惭形秽。相反，您应该直面当初做出这些决定的原因。搞清楚生活中真正重要的东西，下次您就可能同情自己并做出不同的决定。

如果您难以确定自己为何违背本能做出决定，以下是一些您可能没听从或质疑您内心的常见原因：

- 如果听从自己的本能，必然要有一场艰难的对话。
- 不想在别人面前出丑，担心别人的想法，只关心自己"应该"怎么做。
- 不信任自己。
- 不想伤害他人或让他人不适。

- 习惯于相信信任自己的本能"太情绪化",应该实事求是。
- 对于发生的事情想法过多。
- 在非必要情况下咨询他人,征求他人的建议。
- 自己的需求得到了满足,尽管其做法有违自己的本能。

就最后一种原因而言,有时候,正像我跟那位瘾君子男朋友或苏珊所做的那样,您也许并未考虑自己的本能。经历创伤时,我们有时会急切地希望自己的需求能够得到满足,结果我们反而会困在逆境之中。对我而言,离婚之时我非常脆弱甚至觉得有些绝望,我希望能有个归属之处,一个能够化解这种痛苦和孤独的人。当时,我的确怀疑事情比我看到的更糟,但我愿意无视它们从而不会感觉那么孤独和伤心,即便一天中我只有那么几个时刻会感到孤独和伤心。

我跟您说这些,是为了让您感觉被自己的本能授权。回顾自己对内心智慧的无视之时,您也必须对自己予以同情。想想您当时的处境、经历和仅有的手段,这些都很重要。要走向、走近最好的自己,而这完全是一种学习经历。

### 感觉踏实

为了能够听从自己的本能,您必须从一开始就有踏实的感觉。生活中有这么多不确定性,如果您更喜欢把控一切的感觉,感觉踏实就显得尤其困难。在《引爆创新》（Uncertainty）一书中，作者乔纳森·菲尔茨（Jonathan Fields）探讨了他所说的"确定性之锚"。

他说："确定性之锚是一种实践或过程，它在您觉得漂泊不定时为您的生活增添某种大家公认的可靠之物。仪式和常规可以充当确定性之锚，它们的力量源于它们始终存在这一简单事实。不论发生什么，它们都是您随时可以归航之地。"

为了能够听到自己的本能，脚踏实地、感觉踏实至关重要。根据您每天的时间和精力，也许您很容易就能厘清自己的确定性之锚。大多数晚上，睡觉之前，我都会期待第二天早上的咖啡。我的确很喜欢喝咖啡以及喝咖啡这件事所带来的常规性和确定性。我不知道明天会发生什么，但我知道我会醒来，会下楼给自己倒一杯咖啡，放一点奶油，而且还要一个甜菊糖包。每天如此。这不算什么大事，但它很有影响，一整天我都会感觉脚底有根。以下是一些确定性之锚的例子：

- 每天早上喝咖啡、茶或柠檬水。
- 短暂的冥想。
- 每天在去上班的路上给妹妹或朋友打个电话。
- 每晚睡觉前写下您的感激之情。
- 午休期间散散步。

也许您每天都有一些小的仪式要做，如果这样，我请您承认其带来的安全感和踏实感。如果您没有什么仪式,我希望您选一个,刻意使其成为您的确定性之锚。

## 冥想

如果您喜欢冥想而且已经在练习冥想,我唯一要说的是:请坚持下去。冥想绝对是磨砺您内心智慧的最佳方式之一。对于那些跟我很像、不太喜欢冥想的人来说,我们可能会翻翻白眼,胡乱应付说"我回头就练"。好吧,我们来聊聊这一话题。

认真地说,相关研究表明,冥想有助于增加自尊,降低焦虑,提升自信和信心。我们大部分"不够"的感受都源自所谓的"过度识别",即由于过分专注于自己的缺点、失败和缺点,导致我们对自己是谁产生了负面的看法。冥想有助于您对自己更加柔和。有关冥想好处的研究不胜枚举,相关的应用也多如牛毛,我们没理由不试试看。冥想练习并不完美,但重要的是它是一种练习。我的朋友蕾贝卡·博鲁齐(Rebekah Borucki)写了一本有关冥想的书,书名叫作《4分钟改变您的人生》(*You Have 4 Minutes to Change Your Life*)。是的,每周几次每次4分钟的冥想就可能改变您的人生。

## 记日志

就像冥想一样,记日志往往让大家头疼。人们不知道写什么，而且这事儿很费时间，他们没适合记的内容，等等。您听我说，困惑、犹豫、痛苦和恐惧也很费时间，而且那些事情让人讨厌，在脑海中挥之不去，所以，何妨花几分钟写写日志，看看我们能否弄明白我们的困惑、犹豫、痛苦和恐惧。

您的本能需要空间。如果我们把它锁在一个放了一堆宜家家具的公寓里面，它是无法发挥作用的。记日志能够清除污浊，但绝大多数情况下，人们开始记日志时并不知道要写些什么，而且也不知道能写出些什么。我的教练或治疗师给我这份任务时我也有些不屑，但结果让人惊喜，我居然以写作为生了。有时写日志确实写不出来多少东西，但我认为写日志的确非常重要。长跑运动中有一个术语，叫作垃圾里程。根据这一术语，跑步都应该有个目标，多跑的里程只能算是垃圾里程。这些里程不一定对跑步者不好，有些跑步教练甚至认为这些里程是训练的必要部分。有时，人们记日志时并没有多少像样的顿悟，这种时刻就像跑步中的垃圾里程。您坚持到了最后，冲过了终点线。虽然这看起来没那么重要，但您这样做应该得到鼓励。

### 呼吸练习

我认识的女性中很多人患有焦虑症，她们整天高度紧张，在神经系统和放松方面非常需要帮助。这里有两个对您有帮助的呼吸技巧，有助于强化您的本能。

第一种技巧是由安德鲁·威尔博士（Dr. Andrew Weil）提出的 4-7-8 呼吸法。该技巧基于古时候一种叫作调息法的瑜伽技巧，可以帮助练习者控制自己的呼吸。每个回合您只需吸气 4 次，蓄气大约 7 秒，然后呼气 8 次，重复 3 次。这一技巧也有助于入睡。

第二种技巧叫作箱式呼吸法。该技巧非常简单：吸气 4 次，蓄气大约 4 秒，呼气 4 次，然后再蓄气大约 4 秒，如此重复。

我以前常常不屑于呼吸法，觉得太不实际，认为单纯的呼吸练习不足以改变焦虑的情况。然而，在某个研习班试过一次后，其对于神经系统的镇静效果令我感到无比惊奇，目前我还在坚持练习。还有，在旅行途中，我也遇到过几个呼吸练习者，他们的那种平静让我非常向往。

### 本能与恐惧的区别

有关这一话题，我常常听到的一个很棒的问题就是："我的本能与恐惧之间有什么不同呢？"我也认为有时候这一点让人有些困惑，因为人们感觉它们并无不同。

这两者都是针对我们需要做的某件事情或某个决定的"感受"。那么，我们怎么知道哪个是我们本能的声音，哪个是我们因为恐惧而做出的回应呢？

首先，如果您能提出这一问题，您就已经走在正确的道路上了，因为这意味着您已经花了一些时间停下来倾听。本书每一章的忘却部分都包括了注意和倾听每种行为以便做出更有利、更英明选择的内容。这一话题也不例外。

如果您试图对本能与恐惧进行区分，以下是您可以观察和倾听的一些东西。

**1. 本能往往更像一种更轻柔的耳语而恐惧的声音更大也更固执。** 有些人觉得，自己的本能更为理智，但恐惧令人捉摸不定。

**2. 谈到本能人们常说"我完全没法解释"，但谈到恐惧通常都有很多话能讲。** 例如，无论您是否停滞不前，您都应该申请一份更高层次的工作，只是您对该公司不太确定。或许您有种说不清的感觉，觉得自己应该去另一家公司，但又想不出任何根据。你的恐惧会说您不够资格、这事儿太麻烦或者您应该继续做好现在这份工作，因为您在这里已经颇有资历。您的恐惧往往只强调最糟的情况。

**3. 本能往往不受情绪所累，但恐惧深受其累。** 有时候，人们感觉与本能背道而驰。例如，2020 年 3 月，人们因为在全世界肆虐的新冠肺炎疫情极度恐慌，对全球经济毫无把握。像大部分人一样，有一两个星期我焦虑到无以复加。当时我丈夫这个家里唯一赚钱养家的人刚失业，成了全职爸爸。从逻辑上讲，我本来应该吓坏了，或者觉得被吓坏了。但是，我有种说不清的感觉，觉得我们应该没事儿。当时我不知道怎么会"没事儿"——也许我所在的行业会崩溃，我会失去自己的收入，而我们会失去我们的房子，被迫露宿街头，但我的心告诉自己我们会没事儿的。这里没有任何情绪，只有某种感知。

4. **本能关乎当下，无关过去，也不会告诉您任何未来的可能情况**；相比之下，就像苍蝇始终叮着臭鸡蛋一样，恐惧始终关乎过去和未来。我们的恐惧和自我批评往往最喜欢杜撰的噩梦，不断提醒我们以往的糟糕经历。而您的内心智慧只在乎当下。

5. **恐惧可能让人觉得狭隘而微妙，但本能可能让人觉得扩张而开放**。练习感受恐惧与本能之间的这种差异。如果您从未这样做过，试一下以下练习：闭上眼睛，想象您爱的或非常信任的人或物。或者，想象您的美梦成了真。最好，同时对两者加以想象。

感受本能的扩张，即便对您来说那种感觉像是爱、兴奋、快乐或希望。接下来，想象让您害怕的东西，比如某个人、某个地方或某种情况。感受您的身体会发生什么变化。您要努力留意与此前感受的不同。在那些不同中，本能和恐惧可能感觉非常相似，本能显得不断扩张且开放而恐惧则显得狭隘且细微。

### 忘却

**注意**。注意本章哪些地方最让您触动。或许是我探讨创伤和本能的部分，或许是某段恋情中对自己感受无视的部分，或许是有关理解本能与恐惧区别的部分。

想想您无视本能的情况。最后发生了什么？您现在是否正处于这种状况？留意您是否对自己的本能有什么成见，如自己没有本能、自己的本能往往是错的等。

**保持好奇心。**如果您难以听从本能或不信任本能，您为何还觉得那是您的本能？有没有什么创伤或旧伤迷惑了您的智慧或果敢？

如果您难以判定何为恐惧、何为本能，您愿意做什么来练习和磨砺听从您的本能？您觉得自己更喜欢怎样的方法和练习？

**自我同情。**在某些情况下，当人们意识到自己的创伤或旧伤正在妨碍自己的时候，例如无法听从自己的本能，她们可能会陷入一种困惑的处境，觉得愤怒或失望，感到绝望。比如，觉得自己"残缺了"、自身有问题或者虽然知道本能能够帮助自己但完全不提这一话题。

虽然人们认为本能是一种"第六感"，但对很多人而言，它并不像人的视觉或听觉那么自然。让自己的本能更加犀利需要时间也需要练习。如果您在这一领域有困难，把它当作一个全新技巧，不要太苛求。除了时间和练习，您的内心智慧还需要很多自我同情。

**保持动力。**我和客户都做的一项练习是冥想和认可。您想怎么称呼它都可以，但实际上它都包括一点点妥协以及诉诸自己的本能的意味。除了借助本章所讲的手段，当您感到自己无法确定是否感到恐惧、纠结于某个决定或犹豫不决时，告诉自己"我能够找到答案"。把这句话或类似说法重复几次。（"我周围都是线索。""马上就清楚了。"或"解决方案就在这里。"这些说法也很好。）您无须马上找到答案（当然，如果您能马上找到答案，那太棒了），只要告诉自己的大脑和身体您此刻是开放的、愿意倾听、已经为获得正确答案做好了准备。

## 第七章
## 造就传奇

我的一个客户瑞秋,跟我讲了以下故事。"我14岁的时候迷上了减肥,整天算着摄入了多少卡路里,最后开始节食,直到真的开始瘦下来。我爸爸跟我说我看上去健康多了。我妈妈说她为我骄傲。我逃了几节课,退出了校园剧,尽可能隐藏自己有些失去光泽的头发。"

"最后,我妈妈开始有些怀疑了。到了年度体检时,他们给我称了体重,我开开心心地坐到了检查台上。我妈妈冲着我微笑,跟我说要是我再减减肥看起来就会非常不同。她为我取得的成就向我表示祝贺。我向医生表示了感谢,还跟她说我打算继续减肥。妈妈看到我晚饭总是只喝果汁然后一晚上咬着吸管不放时,开始担心起来。她又看了看我的身体质量指数,然后问我还想再减多少。我们坐在那里,大家都很别扭,不确定每个人是怎样的感受。"

后来,瑞秋谈起自己年轻时这一关键时刻,说当时自己向两个权威女性(她妈妈和她的医生)寻求答案,但这两个人都没能给出答案。她说此前并未意识到做的事对自己的健康不利,也不知道自己正在接纳以下观念，即可以不计代价地变瘦而且人们非常欢迎这一行为。

　　这么说并非指责或羞辱这些女性。有可能瑞秋的妈妈和她的医生在成长过程中收到的信息也是如此——变瘦是作为女人非常重要的一部分，女人的体型和身材是她们被接受、被爱以及被珍视的关键。因此，当时三个女人都不知道该如何处理这一情况，这并不奇怪。这一经历进一步灌输给瑞秋：不计代价地变瘦是好事，是有价值的事。

　　瑞秋学到的是变瘦对女人非常重要，您学到的也许是有关做女人的一些消极的甚至非常可怕的东西。或许您学到的是，抹鲜红色唇膏的女人就是"坏女人"，或者大胆发声、顶嘴的女人十分恶毒或非常可怕。

　　也许您学到的是有雄心壮志的女人冷酷无情而且刻薄。也许您学到的是富有的女人都是贪婪的或她们变得富有只是因为她们是花瓶。也许您学到的是离家出走的女人都是自私的。

　　我们对于女性都有一些假定，无论您是否知道这些假定。不论怎样，这些假定对于您的自信、决定，对自身的感受以及每天的表现都有非常重大的影响。

　　您正在读这本书，因为在内心深处您知道这些听上去就像垃圾一样的事情事实上不是真的。也许它们只有一点迹象，但它们的确存在，比如那些让您永远不要捣乱、您不够优秀、您不善于挑选伴侣或管理金钱的故事。

## 第七章 / 造就传奇

您的内心深处渴望相信更多具有赋权性的东西，以做出充满希望、可能性和爱的个人叙述，书写有关与您渴望的、自己可能变成的自我相一致的个人传奇。事实上，基于您编造的有关您自身的那些不尽如人意甚至完全不真实的故事，才成了今天的您。您瞧，这并不是一件坏事，基于这些叙述您已经走了这么远。想象一下，如果改变一下这一叙述您能走多远？想象一下，如果您能彻底弄清楚您何时会编造那些消极的故事、挑战那些故事并书写新的故事您能获得什么？想象一下，如果您能摆脱那些让您卑微的故事并就地书写能让您星光闪耀的故事您将走上怎样的道路？

您值得获得这些美好的东西。为了得到这些东西，您必须有所行动，如走出舒适区、索取您的所需、坚持自己的价值观以及适时设定自己的底线。这些事情有一个共同点，即如果您对自己的叙述是这些事情都有可能，做这些事情就会容易得多。除了有可能，您也值得获得这些东西。只要针对自己的故事展开行动，您就已经走上了正轨。

### 我们学到的东西

针对这一主题，我研究了我的观众，发现了一些并不意外的答案。我问一些女性："在您成长的过程中，您学到了哪些有关女性需要做什么的东西？"以下是一些样本：

莎拉（Sarah）是一个39岁的护士，她说："我学到的是，女人需要男人的关注才有价值。男人的嘘声也算是奖励。我花了好多年才摆脱这种观念。"

克里斯汀（Kristin），44岁，她说："我收到的信息是要按男人的想法去做，自己的观点不如男人的有价值。顺着别人，跟别人走。"

乔尔（Joelle），47岁，她说："我妈妈教我的是，女人要瘦，要做全职妈妈，每天洗刷、打扫卫生、做饭。一个女人应该只交一个男朋友，然后结婚生子。如果女人上班，那她就是以自我为中心。女人不需要'外出过夜'或'女人'类的东西，对于已婚妇女尤其如此。"

凯蒂（Katy），29岁，加拿大人，她说："少女或年轻的成年妇女穿紧身衣就是'自寻烦恼'，如果男人或其他人对她们的身体指指点点，那么她们没权利抱怨。我在高中时看到的、听到的就是这样的，所以有好几年我都穿睡裤而不穿瑜伽裤或打底裤。"

罗宾（Robyn），26岁，她说："你是个女孩子，因此你不能接管家族生意，因为你无法传承家族姓氏，无法传承家族遗产。而且，这是男人的事儿。你永远不够强壮、不够方便、不够勇敢……你怎么都不可能成功。"

别误会，的确有几个女性跟我说她们确实学到了更积极的东西，比如以事业为重是一种积极的品质。不过，其中往往也

# 第七章 / 造就传奇

伴随着有关身材或两性关系的消极示范。当然，任何一个父母或监护人都不完美，不过，显而易见，通常女孩不会被教导在生活的各个方面突破对自己的限制。

这超出了我们编的故事或我们学到的有关如何做女人的东西。几乎对于任何事情，我们都会编一些故事，当我们有一点点不确定时尤其如此。好消息是，我们可以改，所以我们行动起来吧。

## 如何编故事

在头脑中编故事能够让我们在感觉混沌时建立某种架构。我们在精神上和情绪上都可能因为某件事而疑虑不定。这件事或许是我们工作中某个棘手的项目，或许是跟某个家庭成员有了矛盾，或许是决定如何教养孩子。在上述情况下，我们可能感觉不踏实，找不到具体的答案，但我们希望事情能够井井有条。编故事可以解决这些问题，无论我们编的故事是真是假。

我的朋友兼同事萨沙·海因茨（Sasha Heinz）博士对这方面的人类行为进行过研究。

人类是制造意义的生物，而且我们非常善于在回顾时重构叙述。我们不会前瞻性地创造有关我们是谁的叙述，但我们会回顾所有以前发生在我们身上的事情并编织成某种合乎情理的叙述。我们基于以往的经历创造我们的生活故事，而这个故事往往令人泄气。

我们会基于以往的经历、媒体上的东西以及文化和社会信息来编造故事,而且我们这么做的时候往往是无意识的。

萨沙和我都认为,人类大脑的神奇和强大之处在于我们能够自动重构这一叙述。这是很棒的消息——我们可以创造一个新的有关我们是谁的故事。因此,那么多年来,我们觉得自己不够优秀,比不上别人,要比别人更努力,要累到起不来床才有价值……我们能把这些一笔抹去,积极肯定我们自己,打造出一个新的传奇,对吗?对,也不对。

## 重要但常常被忽略的第一步

人们常常假定,因为曾经认为自己不够"怎样"或者由于父母或老师等他人的主观看法,年少时就被贴上了某种标签,等到以后,人们自然会对自己有非常不同的看法。实际上,您必须首先相信自己有可能改变这个故事。然后,您必须开始采取行动,相信事情可能会不同,但很多时候,这种行动甚至纯粹是有关这一行动的想法。这种感觉糟透了。

作为变化的协调者,我们往往会看到以下情况。对于自己能够改变自己的叙述、故事和想法,人们感到有趣而兴奋。对于她们能够拥抱一个有关自己的全新的、更积极的观念体系,她们很喜欢这一主意。可是,轮到给自己的老板发电子邮件要求跟他们对话，得知要求加薪就需要关闭或至少绕过"您配不上"或"永远不敢开口"这一叙述，人们往往会就此住手。

20世纪80年代，两位著名学者卡罗·C.迪克莱门特（Carlo C. DiClemente）和詹姆斯·O.普罗查斯卡（James O.Prochaska）提出了一个改变的六阶段模型，用以帮助专业人士理解他们那些患有成瘾症的客户并鼓励他们进行改变。最初设计该模型针对的是抽烟、暴饮暴食和酗酒等问题，此后也广泛运用于健身及个人发展等领域。事实上，该模型可以用于任何您不胜其烦、希望有所改变的东西。

我们来看看这些改变阶段以及它们如何改变您的个人叙述。

1. **前意向阶段**。在此阶段，您不知道自己会编很多故事或者知道这种故事是存在的，但这些可能只是无意识的叙述。而且，此时您尚未准备就绪或并不希望改变。

2. **意向阶段**。在此阶段，您知道了自己的消极叙述，有意加以改变，但您对自己能否实现改变有所怀疑或者觉得模棱两可。

3. **准备/决定阶段**。此时事情开始变得非常有趣！在此阶段，您致力于改变那些消极的想法以及您编造的有关自身的故事。虽然您觉得受够了这种状况，但您可能还不确定如何行动或正在考虑如何行动。

4. **行动阶段**。此时，您开始采取行动，如完成本章提出的有关记日志的问题、为自己做出新的叙述、注意自己何时会编故事，甚至开始跟几个自己信任的朋友谈论这一话题。您开始感受到自己的信心在提升，而且您会感觉更好、更开心。您已经上路了！

**5. 保持和复发阶段。**在此阶段，您会继续采取行动，旧病复发时会运用相关手段。您可能会重蹈覆辙，但发生的频率会慢慢减少。

**6. 复发或终结阶段。**分手、跟某人争执或重拾消极的自我对话，往往会触发这一阶段的到来。这不是"是否"会发生的事儿，而是"何时"会发生的事儿。我觉得消极的自我对话并不是复发，但您的反应意味着复发。如果您此时举手投降，说："算了吧，这对我来说没用。"或者觉得自己崩溃万分或负担太重，我希望您重新试试第 4 步。

改变您的想法以及您自身的观念需要时间、投入和毅力。

而且，人们往往因为第 4 步而止步。相关原因不止一个，比如懒惰、不重视、留在自己更为熟悉的错误叙述中更自在等，实际上人们止步的原因有很多。我指出这一点，为的是告诉您感到有压力是很正常的事情。我们都是人，都会这样的，只要留意就好。

您犹豫不前是有原因的。您之前一直在收集有关您的叙述的证据支持，不然那就不再是您的叙述了。也许您觉得自己不太适合运动，因此您的健身总是时断时续（或许您父母说过您

第七章／造就传奇

的哥哥很擅长运动而您不行）。因此，您就有了关于自己真的笨手笨脚、不善于运动的"证据"。如果您要改变这一健身习惯，那就需要很多行动，您要相信情况并非如此，继而采取对您有用的某种锻炼方法。

或者，根据以往的恋爱经历，您确信自己"不会选人"。要实现改变，您要相信自己在"选人"方面并不傻，或者至少正在学习如何"选人"，甚至是一位情场高手。您也需要致力于处理自己的问题，以便看到警示时脱身，或者致力于自己愿意做或无法容忍的事情。行动是最难的事情，还是那句话，这时候很多人就会退出。

## 虚构与阴谋

我是高度体验训练方法论［基于布琳·布朗（Brené Brown）博士研究的方法论］的导师。通过训练，我们带领学员走完一个过程，其中包括让他们讲述自己的故事，然后"吐槽"与此相关的各种感受（也许是他们唯一的一次），最后学习如何最终书写一个新的故事。我们示范并鼓励学员们寻找虚构与阴谋。我们的练习簿上写着："虚构即诚实的谎言。进行虚构就是用我们信以为真的虚假的东西取代缺失的信息。"举例来说，您约了朋友喝咖啡，您跟她说："我老板觉得我是个白痴，只会做一些愚蠢的决定，所以一直不给我大的项目做。"

在这个例子中,您撒谎不是为了想让朋友为您感到遗憾,而是您的确相信您的老板觉得您是个白痴。除非您的老板明确地说您无法做出正确的决定,因而您是个白痴,而且那正是他不愿给您大项目做的原因,否则就是您对朋友进行虚构。唯一的真相是,您在工作中无法得到更大的项目,其余部分都是您杜撰的。我们做这些事情的时候是无意识的,而且很仓促。但是我们这样告诉自己的时候言之凿凿,对别人讲的时候也是如此。

阴谋被定义为"基于有限的真实数据和充分的想象数据,再掺上某种一致的、让人情绪上满足的现实的故事"。举例来说,您的朋友莎伦(Sharon)不冷不热地告诉您,她和几个您的朋友星期天会一起练瑜伽。您没有受到邀请,立刻觉得很受伤。接下来的一整天,您都在假定您曾做了或说了什么,得罪了您的一个或几个朋友,她们打算慢慢地把您从她们的朋友圈排挤出去。

她们怎么敢这样!起初您和她们都是朋友,而且是您把莎伦介绍给了其他人。您最终崩溃了,问她们为什么不邀请自己。此时,莎伦拥抱了您并说道:"那次我们去的时候你给我们说你讨厌瑜伽,还有,某个人的屁股离你的脸太近,你再也不想练了。我们都觉得你不会去,但如果你想来,我们非常欢迎!"

您有限的信息就是她们去练习瑜伽而您没有受到邀请。仅此而已,其余的部分都是您编出来的。尽管编这样一个故事很痛苦，但让您在情绪上得到了满足。我们人类的大脑喜欢得出结论，哪怕我们的结论很差劲儿。

我们也会寻找我们叙述的证据。在上例中，也许您记得您的某个朋友曾怪怪地看着你或者她们传别人的八卦，您把这些都当成她们真想跟您断交的证据。

虚构和阴谋故事最终会主宰我们如何感受、对待和跟自己对话，以及我们如何对待他人。

## 后果是什么？

当您编造有关自己是谁、您应当怎样以及别人看法的错误叙述时，您会妨碍自己过上最好的生活。您是在让自己的无意识（很多时候跟我们的心魔沆瀣一气）引领自己。这种现象很常见，但不可接受（我这样说是带着最大的爱意，作为您最好的朋友，为您着想）。

我们暂时把您的故事以及做出的和未做出的选择这些点点滴滴串连起来。比如说，当前的工作，您已经做了很长时间了，您也很喜欢这份工作。一直以来，您都在编故事，认为自己不够资格，因为您不像某些同事那样拥有硕士学位。也许您的同事上的是令人称羡的名牌大学。所以，您觉得有些不安，整天比来比去而感到绝望，中间还掺杂着一点点羞愧。

这个故事以及随之而来的感受和观念可能让您自卑。这可能导致您开会时闭口不言、不发表自己的观点、不问自己需要知道答案的问题、不寻求晋升或要求加薪。

我希望您拿出一张纸或一本日志，想想您在工作、恋情、金钱、友情、目标等方面的消极叙述。将您生活的各个领域分分类，因为如果一下考虑您整个人生，您可能会觉得茫然无措。先从您生活的某个领域入手，写下您编造的有关自身的消极故事。您有没有假定您在其中某个领域不符合标准呢？如果的确如此，又是什么情况呢？写具体一些。

接下来，想想您因为这些观念而做出的（或未做出的）那些微不足道的选择。您会拒绝机会吗？您会甘愿拾人牙慧吗？您会由于恐惧或犹豫而拖延吗？这些选择本身看似无足轻重，但它们一个个叠加起来就可能对您的生活产生重大影响。

是的，这种练习做起来没劲。不过，您了解得越多，越快意识到它们并加以重组（下文即将加以探讨），就越能够做出带您走上人生目标和最了不起自我之路的选择。这一行为会很难实施吗？有可能。不过，采取行动要承担的不安与不采取行动的后果相比是值得的。

### 您何时会编造有关自身的故事？

我希望，通过阅读本书，您正积累某些手段，它们可以使您很快注意到自己何时会采取毫无用处的心理上、情绪上的不

## 第七章 / 造就传奇

健康的行动或思维。这样做的目的不是为了彻底消除这些方式，而是为了很快注意到自己何时会养成这种习惯并有意识地校正航向。

当我们试图改变有关自身的错误或消极叙述时，其中最困难的就是注意自己何时会这样做。假设您现在正戴着眼罩在高速公路上驾车狂奔，您只能看到眼睛正前方的东西。您无法抬头或斜视，只能看正前方。您不知道出口在哪里，但您知道只有一个出口可走。另外，您正在五车道大路上的快车道上而公路的出口在右边。

突然，您的眼罩掉了，您抬头看到自己马上要就到出口了。此时，您可以立刻右转到出口，但您可能撞车或者因为转向过快而翻车。

一开始就不戴眼罩不是更容易一些吗？了解出口在前方几公里，或者做到对道路、对出口的位置了如指掌，不是更好吗？如果那样，您就可以提前准备，安全地变道，不会错过出口或葬身车祸。

这一比喻可能有些夸张，但这就像您无视最大的诱因、放之任之、对自己编造的那些有关自身的故事毫不知情一样。与其等到自己已经编造出了有关自身的错误叙述，因此情绪失控或做出并不最符合自己利益的决定，不如抬头看看这些事情最初是如何在您眼前发生的并做好准备。

除了不被消极叙述蒙住眼睛、做好准备，我们还应该完成一个挑战和改变这些故事的过程。有时候，它们是需要付出更多努力和关注进行治疗的重伤。有时候，它们只是一种简单的重构。以下练习专注于该重构。

## 重构

完成该练习您需要一个日志本。我更喜欢用纸笔，但如果您要用电脑或手机也完全可以。

1. 记笔记

我们先提几个问题。您想到什么就马上写下来：

总的来说，关于"好女人"的意义您学到了什么？那些说法跟您如今信以为真的东西相违背吗？

即使您现在并不相信自己的所学，您觉得自己在多大程度上符合自己的所学？

您在回答这一问题时，您的心魔发声了吗？有什么人或事（如外向型或有野心的女人）会让您突然爆发？如果有的话，他们（或它们）什么地方让您不舒服或有不好的看法？

有没有某个您希望忘却或改变的有关女人应该如何的故事？如果有，是什么样的故事？

有没有某个您希望忘却或改变的有关您在生活其他领域（如恋情、财务、事业、未来等）的故事？如果有，是怎样的？

谁会因为这些错误叙述而受益？例如，您觉得自己不够漂亮，所以花了好几年甚至几十年来尝试减肥以变成一个健康的人，只有饮食业受益，而不是您？

如果您运气够好，知道还有更多有关您自身的内心故事而且希望对它们发起挑战，请尽情写下去。这些话题可能很大、很重要，因此您要拿出足够的时间和空间来回答这些问题。

2. 为什么？谁说的？

我们探讨一下根据上述提示您可能想到的一种消极叙述。例如，也许您相信自己在谈恋爱方面不会选人，也许您失恋过很多次，或者曾有一次悲惨的分手或离婚经历，而且确信要么您是个很难相处的人，要么您总会选一些糟糕透顶的人。

首先，您为何会这样想？当然，或许您的确有过很多次失败的恋爱，但实际情况仅此而已吗？如果是，而且您相信自己注定孤独终老或者永远选不对人，那就是在编造一场阴谋。就重构的这一部分而言，我们来探讨一下原因何在。

您也可以深入思考一下，问问自己："这是谁说的呢？"有时候，别人问我们这个问题时，我们会不假思索地回答说"每个人都这么说"，然后陷入自怨自艾之中。一点点自怨自艾倒也没什么，但是一旦您能摆脱困境，请花点时间想想出现在您的消极叙述中的是谁。也许您的朋友不经意间拿您选约会对象这件事开过玩笑，或者您被某个消极攻击性老板训斥过。这种事儿让您编出了以上故事，即事实上别人也能证明您的消极自我对话是有道理的。然而，决定您的故事的是您自己。我们有必要重申：您必须决定哪些有关您自身的东西是真的。您有能力对您的大脑进行再培训以识别那些垃圾故事，挑战和质疑它们，并创造新的能将您拉回到最强大自我之路的更有活力的故事。这件事没人能够替您来做。

这一步也有助于您通过问"这从何而来"厘清"为什么"的问题。由此，我们就到了下一步……

3. 与教化相比您的真相是什么？

这是从您的家人或文化传递给您的消极叙述、信息或教化吗？例如，我们看看本章前面罗宾那个女孩不能继承家族生意的例子。别人是这么跟她说的，因此，很明显这是她从自己的家庭受到的教化，但我也很好奇对于这些教化她相信了多少，还有她是否觉得这些教化融入了自己生活的其他部分。被父母告知对家族生意而言自己不如弟弟有价值之后，她有没有接受有关自己作为女人的其他观念？比如，她自己创业不会像弟弟或其他男人一样成功？

我们思考一下人们希望女性相信的有关女性"应当"怎样的常见叙述。我们来看一个例子：要想被接受和被爱，我们要做一个好女人，并且安静、漂亮和无私。当然，这些叙述对文化的依赖程度可能各不相同，但我猜您毫不费力地就能说出社会化让您相信什么东西。

# 第七章 造就传奇

如果您不费吹灰之力就能改变这一切，如果您能奇迹般地抹去这一叙述并定义您认为真实的东西，那会是什么呢？您出生的方式、您这辈子与生俱来的举止方式以及神奇而完美地嵌入您基因中的东西。这就是您的真相。它不属于其他任何人，只属于您。

4. 您希望自己的叙述是怎样的？

既然您已经弄清楚了自己的消极故事是什么、它们发生的原因以及相对于您所受教化的真相，一个非常重要但很难回答的问题是：您希望自己的叙述是怎样的？神奇的是，您不仅可以选择做出何种叙述，而且这一叙述充满了可能性。这种叙述可能很笼统，例如"我可以成为任何自己想成为的人"或"我再也无须别人点头，只需要自己的许可"。这种叙述也可能非常具体，例如创造您愿意或不会容忍什么东西、您的运动或艺术或其他天赋、您能够买得起房子这样的新故事。

我希望您能讲得具体一些。如果您难以用新的叙述取代那些旧的叙述，以下是一些供您选择的例子：

您一直在进步，尽管您进步的幅度有大有小。

每次失恋都让您接近成功的恋爱。

您有义务展现自己的天性，无论您更内向和内省还是更外向和张扬。

您很有天赋，这个世界需要您的天赋。

您很强大，能够完全掌控自己的生活。

您有能力带来改变。

5. 需要采取什么行动？

您会听到我一次次地说：所有的个人发展，包括打造自己的传奇，都有赖于您的行动。不幸的是，您无法凭愿望让其成真。

在该重构中，此前的步骤实际上都非常重要。永远不要低估反思、回答强有力的问题、质疑自己之前的观念和假设会带给您的力量。不采取这些步骤您就无法实现改变。

如果您还没花时间采取这些步骤，请您把它们添加到您的日程表中。考虑一下您日程表或日常计划中其他的东西——健身、出差、会议、跟朋友聚餐、接受治疗师的治疗、美甲等。如果您想改变您的生活，花些时间重新培训您的大脑，改善您的思想和故事，让自己快速实现最好的生活。

或者，您行动的目的是用某个积极的甚至中性的口头禅替代您的消极叙述。例如，您失业了，一直在找工作。前景黯淡，而您一直告诉自己："现在没什么好工作可找，要么是工作配不上我，要么是我配不上工作。我这几年都要失业了。"是的，您也许很有压力。是的，每天看招聘网站您感到很沮丧。但是，只有一个真相（您在找工作），而故事其他部分都是您想出来的，您有能力用更积极的可能性改变故事的其余部分。除非您有意为之，这并非优哉游哉的空想或无视现实。

# 第七章 / 造就传奇

如果您觉得告诉自己"合适的工作正在等着我"令人惊讶，您不必紧张。但是，您也可以选择更中立的立场。如果您跟自己说"如果这份工作不行，那就再找个好点儿的"或者"这很难，但我很有韧性，我能做好"，而不是"没有什么好工作"或"这几年我要失业了"，那会怎样呢？

如没有意外，围绕就"与我的有关真相相比我受到的教化是什么"进行的反思来采取行动。当您觉得害怕、拖拖拉拉、与人攀比或情绪低落时，就问问这一问题。您或许会对自己的发现感到惊奇，而接下来您会写出更积极的故事。

我们的目标是让您了解那些消极的故事，采取行动时假装它们再也不会发挥什么作用。它们就像2012年就断货的您最喜欢的唇膏一样无影无踪了。没有它，您觉得很迷茫。您想："我到哪里才能找到这么适合我的另外一款唇膏呢？"然后，您设法弄到了一支。让那些消极故事成为您能立刻识别出的故事，提出质疑，做好您需要做的，然后放手。

## 开展对话

该行动的部分内容可能包括跟什么人进行一场对话。这一话题为您提供了一个跟受您编造的故事影响的人谈一谈这些故事的好机会。举例来说，如果您无意中听到了一些有关性别的成见，比如，女人应该负责大部分家务而丈夫可以放松一下，有了孩子丈夫可以做家里的甩手掌柜,这种情况下您应该跟您的伴侣进行一场对话。不是要指责他,也不要让他为您成年以来感受到的所有压力负责,而是跟他一起坐下来,对他说:"你觉得这事儿怎么样?"或者"我刚意识到我就是这样长大的,这对我没用了。我们能不能谈谈,一起想想该怎么办,这样以后就不会再有这个问题了?"

或者,您或许可以跟自己最信任的闺蜜进行这场对话。当你们一起吃饭,对彼此在假期期间要承担的重担互相安慰的时候,您可以试试插话说:"那个,我读了本书,上面说我们会在自己头脑里编造有关我们是谁的故事。有人说如果我们身上长几斤肉就不好看了,我很不喜欢这种说法,你知道吗?"如果您是那位朋友,您会怎样回答?

跟别人的对话可能需要慢慢来。我建议您先讲讲自己和自己的故事。记住:您并非生下来就认为自己不够优秀,认为自己不够格,或具有其他消极的观念。您之所以这么想、相信这些东西都是因为您受到的教化,您有能力表明自己的立场。

### 忘却

**注意。** 发现自己编故事的一个好方法就是留意自己什么时候因为什么事情感到内疚。请看以下例子:如果您因为自己跟客户会面迟到跟自己过不去,您得出了有关自己的什么结论?往往,您不会认为自

第七章 / 造就传奇

己是当月模范职员，而会认为自己愚蠢以及该客户认为您不职业。或者，如果您无意中浏览社交媒体时发现自己在跟自己较劲，结果怎样？您觉得自己跟其他人一样成功、美丽和幸福吗？或者，更有可能的是，您觉得其他人都活得挺好，唯独您例外。注意在这些情况下您是否在编一个有关自己是谁的故事。这种情况往往比您认为的还要多。

**保持好奇心**。带着以下问题进行思考：

作为一个女人／女儿／母亲／姐妹／雇员／妻子您需要做什么，您编了怎样的故事？

然后问问自己："这是真的吗？这对我或其他人有什么帮助？"举例来说，如果按照您编的，一个母亲要在孩子的学校做志愿者、全职工作、投身于自己的各种爱好以便向孩子表明什么叫作以自己为先、还要做一份兼职，这对于一个人来说可能太多了，您有理由失眠和感到焦虑。您臆想自己需要成为谁？这现实吗？这对谁最有利？是您还是其他人？此外，顺便问一下为什么。

您为什么会有这么多的消极叙述？这些叙述最初是怎样的？密切注视这些叙述从何而来，这样您就可以对其根源提出质疑。因为，最有可能的是，根源于您根据文化或家庭而编造的故事，往往毫无根据，不符合您本来的样子。

**自我同情**。如果读完本章后您对于自己大半生时间都在编造的这些消极的、自暴自弃的故事感到震惊，请先暂停一下。跟您情况一样的绝对大有人在，读本书的人中大概有99%的人都可能是这种情况。花点儿时间，体会您的感受，然后给自己一些自我同情。在自己头脑中编故事是很正常的事情,而且您是在让女性从根本上感觉不安全的文化中长大的。您思考一下,就能弄清楚情况。好消息是,现在您已经知道了,而且您也有了一些可以用于改变的手段。

**保持动力**。此外,您要知道书写新的、更有影响力的故事是一辈子的事情,随着不断练习您会做得更好。是的,您可能发现自己不够优秀或跟他人进行比较后觉得自己不足。不过,我可以向您保证,经过练习,您会更快注意、同情自我,并能够质疑和改变这一叙述。

您很棒、聪明而且机智。记住:您这辈子已经编了很多有关自己的故事,这意味着您一定有力量创造新的故事。一次一步,一次一个故事,您就已经走在变得更加闪耀的路上了。争取自己值得拥有的空间,成为那个藏在您内心深处的狠角色。

# 08 第八章
## 学会坚韧

那一年是丽贝卡（Rebecca）这辈子最糟糕的一年。她父亲被诊断患上了不治之症，接下来的日子将漫长而痛苦。她跟此前同居的男友分手了。丽贝卡已经快40岁了，为此她特别不安，而且她本以为这段恋情预示着将结婚生子。更糟的是，她的前任男友开始骚扰她、跟踪她，还拿着她的一些个人财物不肯归还，而这些东西原本属于她身染重疾的父亲。她对报警犹豫不决，担心报警不仅没用反而会适得其反。

丽贝卡的工作非常难做，她负责照顾一些具有特殊需求的孩子。雪上加霜的是，在工作中一位资深同事还给她使绊子。她近乎绝望。几个月之前，丽贝卡决心保持清醒，刚开始她对此很兴奋，但如今她觉得一切都是徒劳，只想把自己灌醉。她给我打了个电话，刚开始说话就啜泣起来："这一切什么时候才能结束呢？事情越来越糟！我怎么做事情才会有转机呢？"我们通话期间，她一直在说自己已经非常努力了，也读了很多励志的书籍，必须找个办法摆脱这一堆破事。

我为丽贝卡感到伤心不已。我非常了解她的处境，可能您也有同感。在这种处境下,您看不到出路,好像一切都被卡住了,其中也包括您自己。她知道自己努力有多重要,为此她也努力了很多年,她觉得此前的努力和计划就是为了现在。她希望能有个方法可用。她希望能有个什么东西,一个生活妙招、一个五步进程、一个神奇法术,或者说任何能让她摆脱困境的东西。

答案是一个方法也没有。您陷入困境时,没有一个您可以轻按一下自己的状况或您在短期内的感受就能改变的开关。好消息是,我们人类的大脑生来就会变通而且非常坚韧。它不会让我们一直深陷泥潭,它会让我们成长、学习,从悲惨的境地重新复原。您必须坚持下去,必须让一只脚先迈出一步,哪怕只是让您的脚在拖鞋里面换一下位置。

我们的文化用多种方式告诉我们,我们的目标是永远幸福、保持积极和取得成功。毋庸讳言,这些事情都不错,也是我们都想要的东西。为了获得这些东西,我们都经历过艰难的甚至悲惨的时刻。我希望您考虑的是您对这件事情的判断、抵触或规避,以及您是否以某种方式隐藏这种内心挣扎。正如太阳有升有降,您生活中的太阳也必定会有升有降,或者用其他非比喻的说法,在生活中您必定会有糟糕透顶的时刻也会有很棒的时刻。

我向您保证,您越用力抵触这一境地,它给您的打击就越大。您在这一处境中越狂乱,待在这里的时间就会越长。您从一开始越认为是自己的错,就会越觉得自己很失败。为了生活有意义、为了让生活不凡,您不能规避这些棘手的时刻,从一开始您就要走进去、奋力穿越,变得更为坚不可摧。

您来到这里是为了在自己的生活中勇敢发声。您来到这里不是想成为最脆弱的花朵,而是要成为经受住暴风雨、严寒等践踏后仍能够存活的那种花。您来到这里是为了坚韧和强大。我们开始吧。

## 我们为什么这么迫切地希望冲出困境

请允许我先谈谈人们为什么会发疯似的想要抓住什么,或者人们主要为了什么想脱离困境,那是因为身陷困境是天底下最糟糕的事情。它让人受伤,让人痛苦,而且随之而来的可能还有恐惧、羞耻、尴尬或孤独等其他感受。

您也许还觉得周围的人生活都过得挺好,只有您例外。我们穷苦无助或感觉无助、收到他人结婚或生子派对的邀请,或者有人在社交媒体上晒自己美妙的假期、特别成功的生意或幸福而安全的退休计划时,我们总会有这样的感觉。对人们来说,这些事情本属常事,但如果您觉得自己很失败,这些事情在您面前就显得很刺眼了。

您也许会把您的处境和韧性与别人进行比较。也许香农(Shannon)被某个资历浅的家伙抢去了晋升机会而最终获得了加薪,而您也被别人抢去了晋升机会但没获得加薪。或许您听说某人进行了安静的冥思后感觉焕然一新、百病全消,而您有些想过去给他一拳的想法。您的突破在哪里？您什么时候能赢一回呢？

从逻辑上来说，我们都理解"要欣赏光明必须面对黑暗"以及"如果正穿越绝境，那就继续走下去"这种说法中的智慧，但当我们真的走入绝境时，这些陈词滥调都像个人攻击。当人们身处心灵的黑暗深渊，能泰然处之的人寥寥无几。

既然我们都承认这些情况非常糟糕，就应该看看为什么您的生活急需韧性以及如何振作起来朝冲出困境的方向前进。

## 为什么韧性十分重要

您知道徒劳无功是一种什么感受。如果您曾试图让一个正在发脾气、怎么都不肯回头的小孩子安静下来或跟陌生人在社交媒体上讨论某个话题，您就会理解被顶撞的感受。首先，我们觉得自己能够做出改变，之后意识到自己做不到，我们有可能会理解，通过放手和离开，实际上难题会消失得更快，我们也会更开心。

我想特别指出的是最后的部分。我们迎接挑战时，尝试改变我们无法改变的东西，有时候会对自己造成比放手然后转身离开更大的伤害。陈词滥调之所以能够流传，是因为它们既有真实性又有普遍性。您有必要记住"量力而行"这一陈词滥调并照此行事，遇到困难时尤其如此。不论您抵制或反对的是什么，或许您的身体告诉您应该面对您伤痕累累的童年了。您不想面对，因为您知道这样做会困难重重。您愿意与这种抵触战斗到底吗？或者，向现实投降、接受其挑战并前行是否会更好呢？底线是：弄清楚什么对您重要，面对这些障碍，而将其他东西抛在脑后。

此外，当我们选择熬过生活的挑战而不是拼命地试图控制它们时，这就是学会坚韧的含义所在。某位智者曾经说过"所有的智慧都来自治愈的痛苦"，我对此深信不疑。当然，您也能够从对人没有伤害的事情中学到智慧。但当您经历人生中的艰难时刻时，您对该挑战有种敬畏，一种类似于"我知道是你让我鼻青脸肿，但我对你教给我的教训表示敬意"的敬畏。

这种挑战也会给您一种平衡的感受，生活中没有完美的平衡，但学会坚韧会让您的生活变得更加和谐。您不会因为直面困境而少受伤害，但您确信走过困境之后您会变得更加强大。

您获得的智慧可能是比喻意义上的奖杯、徽章、金星或大奖章。它们会让您成为一个绝顶英明的女人，而且今后也会一直如此。

## 手段

### 控制

有时候遇到难题，我们可能会不停尝试而不是坐以待毙，因为我们试图控制那些尚未控制的东西。这是很多人都必须反复学习的一个教训，由于某种奇怪的原因，我们好像忘记了自己无法控制一切，难题出现时我们需要重拾这一课。

因此，请彻底弄清楚什么是您能控制的、什么是您无法控制的。抽象的了解还不够，您应该在纸上或脑海中列一份清单。

相关研究表明，书写能帮我们记住更多信息，因此我希望您能拿出一张纸，并沿着中心位置画一条线。一边是您能控制的东西，比如您的想法、能靠得上的人、读或听什么以及读或听多少、是否锻炼、是否注意饮食以及您的视角。另外一边是您无法控制的东西，比如天气、过往、其他人的感受和行为等。

举例来说，2020年3月，我接洽了一位客户，她叫萨曼萨（Samantha）。有一段时间，她很恐慌，因为当时新冠肺炎疫情肆虐，学校也开始关门。作为一个单亲妈妈，萨曼萨没什么人可以依靠。她跟我说："好像我们都在原地打转，谁也不知道怎么了，也不知道接下来会发生什么。"作为一名企业主，她的收入不稳定。这让她非常焦虑，担心得要命，急切地想要找到答案。为了让她扛住这场疫情，我们给她想出来一个口头禅。她感到越来越焦虑时，要告诉自己："双脚着地"。不论在什么地方，她都会把双脚平放在地上，闭上双眼，然后重复。这是她的底线，能把她带回到当时她能控制的最初状态——双脚着地。这是控制自己思想的一个例子。我希望您在感觉无助、急于寻求控制时，从双脚着地开始做起。

从这一动作开始，认真思考自己的清单以及什么是自己能够做到的。这份清单可能很短，但很强大，因为上面的内容都与您相关。

视角

视角会让我想到吃自助餐。可选择的东西很多，但我不会尝试其中的某些东西，因为我从未尝过那些东西，我只想吃自己了解和喜欢的食物。我喜欢炸鸡，但年龄大了再吃炸鸡我就会胖得像面团宝宝。不过，吃自助餐时我还是会选择炸鸡，就因为自己熟悉这种食物。

就像一摸满手油一吃胖嘟嘟的炸鸡一样，有时候我们可能习惯于选择受害者这一熟悉但令人不舒服的视角。举例来说，在成长的过程中，很多女性相信（很多时候是无意识的）扮演"受难少女"是他人看待自己的一种非常有价值、非常有用的方式。她们学到的是，最好要表现出被动、无助、常常陷于某种麻烦之中（如身体、经济、后勤），通常需要男人拯救。这类成见慢慢渗透进我们的大脑，让我们觉得自己是受害者。实际上，这是展现在我们面前并为我们所接受的一个角色，出于与我们毫无关联的原因，夺去了我们的力量。

我想在此明确一点，有时候您的确是受害者。在其他情况下，保持受害者视角可能会让人感觉消极，更会让您举步维艰。因此，如果不选择受害者视角，您希望选什么呢？选一个让人感觉积极、您认可的词。

也许去年您过得极其糟糕，而且看起来这种状况短期内不会结束。例如，您一直把自己视为"受难者"，因为您正在受难。问题是，您可以既觉得自己在受难，同时又有其他的感受。您可以分身，对于您处于什么状况以及您是谁，可以有不止一种感受。也许，除了受难者，您还可以是：

战士

拳击手

浴火凤凰

心情豁朗者

有为女性

有意识的创造者

能经历暴风雨者

您选择其中一个或多个角色后，就其对于您的生活的意义进行一下定义。有为女性看待生活的方式跟受难女性非常不同。您的看法是什么？如果您跟自己说自己是一只浴火凤凰而且感觉自己就是一只浴火凤凰而非一名受害者，也许您对待每一天的方式就会不同。我希望您的积极视角能排在您的消极视角之前。这种练习很简单，而且它拥有改变您思考、感受和行动的方式的力量。

# 第八章 学会坚韧

## 依靠

依靠能够激励您的人，但不要依靠自己与其进行比较或自己崇拜的人。这是一个非常重要的警示，因为当处于人生中非常糟糕的时期，您可能很容易假定治疗师、网红、作家或其他专家就是最幸福、最成功的人。也许您希望自己能像他们一样，或者至少能永远跟他们做最好的朋友，但这会让您丧失个人成长的机会。受他们的激励或鼓励是一回事儿，而崇拜他们是另外一回事儿。区别在于，如果您崇拜什么人，您会把他们供起来，臆想着他们从不或很少会有糟糕的日子；或者您会因为他们的一个小瑕疵或过于有人情味，而"取消"他们的偶像地位。跟您一样，领导人也会犯错。他们走的路跟您形似，但在这条路上他们的处境可能与您不同，而且他们能获得的机会或资源也可能与您不同。

现在我们再回头谈谈我们应该依靠谁这件事。看一下您在第一章建立的想象中的董事会。或者，也许您可以看看事实已经证明在工作中或个人层面对您非常支持的某位导师或经理的做法。或者，也许您可以看看那些作家、播客主持人甚至您的治疗师的做法。反思一下：您觉得这些人身上哪些地方对您有激励作用？在您跟他们互动时，他们哪些地方能促进您，能让您从不喜欢的处境中脱身。尽量不要只想着变得更像他们，相反，看看他们身上哪些特质或价值观是您希望模仿或出现在您的人生中的。也许您崇拜某个与您经历相似的个人发展演讲家，但他们谈到此事时直言不讳。这是因为他们有韧性吗？还是因为他们有勇气做了自我治愈需要做的那些事情？想一想在人生中什么是您希望得到而且也相信能够得到的。羡慕别人对您毫无用处。

量力而行

接下来，确保自己不要异想天开。也许您正在经历人生中一段艰难的旅程，您报了三个静修班，下载了三个新的冥想应用，还到单车健身房报了名，因为您乐于改变自己的生活！显而易见，我为您喝彩。不过，姐妹，请悠着点儿。很多时候，我们因为买了些书或关注了某些播客而感觉自己正在改变自己的生活，但真正有用的东西都离不开真实的生活。求知是一件很棒的事情，但要细细品味，不要狼吞虎咽。

如果有一件事您现在就需要开始着手，那是什么事情？也许只是度过每一天，也许是不再暴饮暴食。因此，专注于您此时的恢复而非其他事情（并不是其他事情不重要）非常重要。例如，如果您正集中精力进行首次 90 天保持清醒练习，也许此时您不宜开始恋爱或接手一单新生意。借用上文丽贝卡的例子，我跟她一起合作时，她唯一的任务就是依靠最支持她的人并练习自我同情。

仁慈

接下来的建议是自我同情。是的，在每一章我都说这是忘却旧的教化和习惯的必要组成部分，不过在此我必须再次提出这一建议。

人在经历特别困难的阶段时很容易产生自责。原因可能是您陷入的处境、犯过的错误、"浪费"的时光、在某个年龄段没实现自己的目标或者没有达到自己"应当"实现的目标。这一清单很长，也很刻薄，后悔或自责的方式似乎无穷无尽。也许您非常习惯过自我欺凌的生活，遇到困难时尤其如此，不这么做您或许反而会觉得奇怪。如果的确如此，就请继续吧。也许您每天还不得不千万遍地改变自我。治愈之路上并没挂着"自责"的标识，所以不要自责。

如果您的确自责，请注意，您需要采取行动改变自我，或者像我说的，拨正航向。起床后，围着您的办公室或家走一圈，准备一句像"我来这里可不是为了这个"这样的口头禅；或者，如果对您有用，可以用"这很难，但我也不是吃素的"这种肯定性的口头禅。最后，如果您最好的朋友、深爱或在乎的人正在经历极其难熬的一段时光，不要为此指责他们。不要对他人刻薄或冷酷无情，这应该不是您第一次听到这种建议。因此，如果您正等待一个真心接受这一建议的信号，像对待您深爱或在乎的人那样对待自己，我正把这一信号举在您那美丽的面庞前。

一次一个小时

如果情况特别糟糕，有时候一次坚持一整天的时间会让人觉得受不了。2006年,我经历了人生中最艰难的一段时间。当时,我正为离婚的事情焦头烂额,自己曾经认为真实、可靠的东西都被夺走了。每天早上从床上爬起来的时候,我无法想象怎么熬过一整天。熬到下班,然后挺过傍晚,孤零零一个人,每天都是如此。内心抑郁不已,实在受不了。因此,我告诉自己,"一次一个小时"。那时候,起床后我会告诉自己,"只要准备上班,钻进车里就可以了"。然后,我会熬到上班,再告诉自己,"该做什么就做什么,坚持到午饭时间就可以了"。如此等等。我有支记号笔,每过一天就标一下,这样我就能看到时间在一天天过去。我会在日历本上看到很多×,把它们当作时间的确在流逝而我也在一天天熬过去的证据。

**您生来就有这种天赋**

请允许我跟您神道一会儿。您妈妈的妈妈的妈妈……直到世上第一位妈妈,这些女性都经历了我们无法想象的困难和挑战,好不容易坚持了足够长的时间才有了女儿。几千年之后,经历了无数代人之后,才有了您。

您的祖先四处游历(但不是坐在飞机的头等舱里),但有时候这种游历并非她们心甘情愿;她们经历了真正的暴风雨的肆虐,而且很可能没有像样的遮风避雨之处;她们应对过各种传染病、其他疾病、各种创伤,而且也许还经历了无数的幸福时刻。机智、坚韧、闯过难关,这些都是您血液中本来就有的东西。从您出生的那一刻起，您就拥有了自己需要的一切。人类必然会有所经历，有时候记住这一点能帮您渡过难关、熬过这一天或挺过这一小时。

## 忘却

**注意**。也许目前您正处于困境，或者您过去曾处于困境之中。您束手就擒（第十一章将对投降和检验的问题予以更多探讨），还是全力迎战？您处理问题有没有特定的方式，如一开始坚决否认或怒气冲冲，然后试图控制他人好让自己感觉好点儿？重要的并不是认定您处理棘手问题的方式错误，而是注意您的处理方式。

**保持好奇心**。您会因为以往的困难或难关而对自己有所判定吗？如果有，为什么？您觉得有困难时自己该闷在心里还是找人帮忙？如果您觉得该闷在心里，为什么觉得别人求助他人可以而您不行呢？想想您曾面对过的最难的事情，您觉得那件事情如何让您变得更好、更强或更聪明呢？

**自我同情**。在这种情况下，自我同情是您最好的盟友。同时，如果您觉得特别沮丧，将同情付诸行动或许是一个真正的挑战。没有同情，最好的情况下您会原地不动，而最坏的情况下您会倒退。请记住：到目前为止，您不仅从所有的难关闯了过来，而且它们还塑造了您，让您为现在以及将来可能面对的难关做好了准备。有了自我同情（韧性的一个关键组成部分），您就可以更潇洒、更轻松地渡过您的难关。

如果您难以做到自我同情，可以阅读这方面的资料，好好学习这一话题，因为自我同情将是您做出改变和变得更好的催化剂。

**保持动力**。好消息是，如果您现在正读本书，表明您已经从一场全球性的传染病中幸存了下来。这是最让人恐惧的一场传染病，而您已经走了过来。在经历另一段艰难时光时，我希望您每天为自己做一件小事。在注意到心魔作祟时，您可以练习自我同情、寻求朋友帮助、留意并了解自己正采用的不健康的应对机制、转换视角或记日志。您只要每天花几分钟从上述事情中选一件来做，就能获得动力，继续渡过自己的难关。

## 第二部分
## 不要再做那些破事儿

## 第九章
## 不要再盲目卑微

读高二期间，有一次我去了自己最好的朋友的家里，她的继父对我说："那天我开车的时候看到你在散步；我按了喇叭和你打招呼，结果你对我竖中指！"他把这事儿当作好笑的事儿，但我知道他觉得这事儿很奇怪。我觉得很尴尬，嘟囔着道了歉，跟他说当时不知道是他。真相是，大概从14岁起我经常在大街上受到骚扰，每次有人开车冲我按喇叭，我都会冲他竖中指。我非常了解汽车一慢下来的声音，然后眼睛余光能看到那些男的从车窗里探出身子来，有时我甚至能感觉到他们那种热辣辣的眼神。当你刚刚度过童年，经常听到有人冲你喊"真性感"时，你会觉得恶心而且害怕。我只知道不拿眼睛看他们，然后冲他们竖中指。有时候，如果我当时胆子够大，我会大骂回去。事实上，我这样做招致了他们更具挑衅性、更下流的回应。

我觉得很羞愧，因为我对自己朋友的继父也做了这种事。而据我所知，他当时并没有对我进行性骚扰。他的笑声告诉我，当时他感到无比困惑，而且，回头看看我们当时的短对话，他完全不懂我究竟为什么会那样做。虽然当时他冲我按喇叭，但

## 第九章 / 不要再盲目卑微

为什么这样一个好好的姑娘会做出这种手势？那是因为我当时觉得他是个陌生人。

同时，我一个十几岁的孩子又怎么懂得跟他解释说当时只是条件反射，只是那种到了一定年龄，如果自己的身体、长相被男性说三道四、乱喊乱叫甚至骚扰，自己因愤怒而做出的条件反射？我又怎么懂得如何解释别人把我的身体当作公共财产是一件多么不道德、多么没人性的事？我又怎么解释尽管自己很愤怒但内心还觉得是自己的错这种事儿呢？

年龄大了几岁，工作了几年后，我怎么说明，我愤怒背后的事实是在我做过的所有工作中（除了只有女同事的工作）我都被性骚扰过呢？

我怎么解释，我愤怒背后的事实是我曾经在肉体和精神上都受到过性骚扰但感觉没什么呢？我怎么解释，我曾经觉得自己只是与那些有过类似遭遇的女性有了某些共同之处？

我完全没法跟任何人进行解释，因为这些事情发生的时候我觉得一切都正常。我不知道那算什么，所以我不知道该怎么讲。我为自己，也为我目睹的其他姑娘和妇女，感到义愤填膺。看着那些女性一笑了之或者没有回击，我对此困惑不已。

直到31岁坐进某所大学的教室里时，我才对此有所领悟，但此时离我跟朋友的继父那场尴尬的对话已经过去了16年。

那是我在大学的最后一个学期，当时我必须上一门女性研究课才能拿到运动生理学的学位。那门课程叫作"男性与男子气概"。上课的第一天，坐在我旁边的一个年轻女士跟我说她是一位女性主义者，我冲她翻了翻白眼。当时我不是女性主义者，也不喜欢女性主义者，而事实是我不懂什么是女性主义者。

这辈子中养育过我的女性没人跟我提过格洛丽亚·斯泰纳姆（Gloria Steinem）或奥德烈·罗尔蒂（Audre Lorde）。我当时没听说过任何一个参加过妇女运动、为男女平等投过票或发过声的人的名字。塑造我的文化告诉我，心里想什么就说什么的女孩不是好女孩。作为20世纪90年代一个年轻的成年女性，我选择与之为伍的那些人跟我说：女性主义者都是一些痛恨男性、满腿长毛的女人，她们反对生孩子，反对所有不出去工作的家庭妇女，反对任何形式的女性主义特征，变着花样攻击男性。

谈这事儿或承认这事儿可能令您感到尴尬，但您没学过别的。您深爱而且信任那些教化您的人。没人教过您要客观、要有批判性思维或对其源头提出质疑。您相信自己学到的就是事实本身。

上大学时我一直"坐在前排"，随时准备发言或提问、发表自己的看法。但我怀着自己的女儿上那门课时，我听的要比讲的多得多。

那个学期，上了几个星期的课后，我心里有了一种不祥的感觉。当时，我想："这是我这辈子遇到的最让人愤怒的事儿，但我以前对此一无所知。"

## 第九章 / 不要再盲目卑微

我开始反思自己学到的那些有关男人、女人、男子气概、女性特征以及女性主义的东西。我感到羞耻，对于自己曾深信不疑的东西、针对女性主义发表的观点感到后悔，同时也气愤不已。那些让我如此气愤的事情叫作：父权制、厌女症和男性至上主义。

这绝不意味着一瞬间一切都发生了改变，而我也成了最坚定的女性主义者。如今，我在努力忘却曾经的自己。在长大成人的过程中，我不自觉地相信：作为女性，我们的价值在于我们的长相，我们是否漂亮、可爱和温顺，成年后是否能干要由男性来判断。让我们扔掉那些在阶层、种族、能力、身材或性取向方面针对女性的成见吧。

在成长过程中，也许您和我遇到的意识形态相似或者不相似。也许您从年轻时起就是一位女性主义者，也许如今您认为自己不是一位女性主义者。不论怎样，我深信，任何一名女性都不能否认：如果从不需要思考、担心或改变自己的长相、体重，从不需要感觉自己的价值取决于这些东西，从不需要感觉自己是否有魅力取决于男人，她的生活会非常不同。如果她从不需要考虑或担心被性骚扰，如果绝大多数情况下她都不需要担心自己的安全，如果在她的成长过程中从不需要学习怎样防止自己的饮料中被偷偷放入迷药，她的生活会非常不同。

我希望人们能够付出努力，让姑娘和妇女们在照镜子时能对自己微笑，而不是一看到自己的身体就皱紧眉头、希望自己的身体能变个样甚至看到镜中的自己就感到厌恶。要改变这一切,她们要弄清楚什么东西是重要的、自己的价值是什么以及自己希望如何让这个世界变得更好。要改变这一切,她们要无条件地接受自我、信任自我和自爱。为了能够清晰地表达自己生活的意义和样貌,她们要体现这些东西并传递下去。

没错,我们已经向前走了很远。不过,还有很多事情要做。

## 惩罚与奖励

关于女性赋权以及其中的巨大差异,我已经为此写了两本书。即使再写一本书,我还是会谈到这些;否则,那就像对显而易见的问题视而不见还继续宣扬自我价值、自信或寻求其他女性的帮助。因为,事实上我们学到的是:只有长得漂亮、安安静静、与人和善、拥有完美身材,我们才有价值;还有,只有当我们特别能干而且承担绝大部分精神和情绪劳动时,我们才最有价值。我们学到的是女性要经常质疑自己。在长大成人的过程中,很少有人会教我们如何变得自信。被硬塞进我们大脑中的信息是:女人都爱搬弄是非,都爱背后算计。

或许您会想,"您说的我听得一清二楚,但从没有人公然教过我这些。"也许您从小受到的教育明显不同,但是等您长大意识到自己是一个女孩或妇女之后,您就不得不学习这种让人不知不觉的隐性课程。教化的定义是:对人或动物进行训练,

## 第九章 / 不要再盲目卑微

使其适应某种行为方式或接受某种环境。我们面对现实吧——从小到大，我们就被训练按照某种方式行事并接受自己的环境。养育我们的人是否了解这一点无关紧要。

在2017年由塔拉纳·伯克（Tarana Burke）发起的"我也是"运动中，很多女性分享了自己遭受性侵或性骚扰的经历。我们听到了以下说法，如"为什么你们女性到现在才开口谈这些事情？当时你们为什么不说？"对此，我们当中有些人知道其中原因，而有些人则不明就里。当时我悲愤交加，不断地发文，目的是让自己消化这一状况并获得治愈。我从当时写的文章中获得的顿悟是：多年前，大概在我十几岁时，我就学会了什么叫作"规矩"。

当我们为性骚扰这样的不公发声、当我们揭露性骚扰、当我们当众吵闹、当我们选择不生孩子而专注于事业、当我们做了任何不符合"好女人"狭隘定义的事情的时候，我们都会受到惩罚。对我们的惩罚包括耻辱、羞辱、暴力威胁或暴力、被排斥或剥夺安全。

反过来说，当我们保持安静、循规蹈矩、安分守己、牺牲自己、为家人或社区献身时，我们就安然无恙。我们会被称作"好妈妈"或"好女人"，额外的奖励是男人的保护和接纳。

因此，从根本上来说，我们了解真正发生的事情后就会明白这种奖励根本不是奖励。此时，我们会意识到自己的精神受到的扼制。

## 女性赋权与自助

那么,这跟自助有什么关系呢?关于女性赋权,我们弄清楚界限、积极地自我对话、放弃完美主义这类东西,这样不好吗?有意思的是,女性了解了我做的事情之后,有时会好奇地问:"你说的这些东西是从哪里来的呢?"她们想知道她们的心魔、她们不信任自己以及自己"不够好"的感受的源头。

我回答说,问题的根源在于以下一个或几个方面:

1. 原生家庭(成长过程中,您获得的有关您是谁以及应当如何行事的信息)。

2. 习惯使然(您掌握的应对机制)。

3. 我们另类的文化(个人认为这是主要原因)。它让我们觉得非常不安全、永远"不够"、必须做到完美才会被珍视。如果您的问题根源是第1点或第2点,其实它们都来自第3点,即我们相同的文化。

早些时候,在做女性赋权教练时,我很快意识到一件事情:我们谈女性赋权时谈的就是女性主义。不过,我们也不能否认:如果我们谈女性主义,就是在谈父权制这一催生女性主义的权力结构。我想,对女性主义稍微有所了解的人都不会否认这一点。

我必须要提的是,在美国讨论父权制就是讨论白人至上主

## 第九章 / 不要再盲目卑微

义。在这方面我遇到了一些抵触,不过这种抵触只来自观众中的白人女性。

我一直有些沉迷于刨根问底。我刚开始做生涯顾问时,讲得比较多的就是心魔和消极自我对话。有一两年的时间我都在讨论和传授有关心魔的事情。在研究和体验中,我逐渐认识到,消极的自我对话的根源在于耻辱(害怕别人对自己有不好的看法带来的恐惧)、以往耻辱造成的创伤、对失败或成功的恐惧等。凭良心讲,仅仅靠讨论一下如何管理消极想法或随便敷衍一下别人的问题,我不可能了解这一点。因此,我参加了有关耻辱的培训并一直坚持了下来。

我回过头来查找女性赋权问题的根源时,我找到的是父权制和白人主义。

事实上,不成比例的是,处于美国顶层的人,即权力最大的人,几乎都是白人男性。因此,涉及闪耀、索取自己想要的东西、自信以及争取空间,由于父权制产生之时就已经建立的权力结构,女性觉得做上述事情的困难更大。这并不是说男性就没有自己的难题,但是,女性尤其是黑人女性和其他有色女性,要有所进展会更加困难。关于这一点,我们要考虑到年龄、身体和心理能力、阶层以及可能压迫女性的其他方面。因此,女性赋权不能只是女性赋权。我们都熟知"女性赋权"这一术语,这一事实本身就意味着我们从未获得应有的权力。

### 我们也这么做

我教授得比较多的一个话题是消极自我对话或心魔。所有人，不只是女性，都觉得这是个难题。不过，通常女性消极自我对话的主题是感觉自己比不上其他女性或害怕自己奋力一搏可能被人评判和批评。我的朋友兼同事马肯娜·海尔德（Makenna Held）是一位领导力教练，她的情况也是一个绝佳的例子。

31岁时，马肯娜做了一件非常大胆的事情，实现了她一生的梦想：她买下了茱莉娅·查尔德（Julia Child）家的避暑别墅，并在那里给别人上烹饪课。大众知晓这件事后，她收到了很多信息，有的人说她该死，有的人说应该杀掉她，有的人说茱莉娅·查尔德应该从坟墓中跳出来"照顾照顾她"。马肯娜给我看了这些信息的截图，令人伤心的是，发这些信息的大部分都是女性。

女性经常收到男性在网上发来的一些粗鲁的、与性有关的评论，这本来也算不上什么让人惊讶的事儿。不过，从几年前我开始注意到女性在网上批评或憎恨其他女性的评论越来越多。我们一向听到的是，女性要支持其他女性、彼此扶持，对这一声音我非常赞同。然而，如果我们真的打算这么做，我们还需要了解、卸下我们内化的性别歧视和厌女症（与此同时，还有我们内化的其他压迫）并获得治愈。

内化的男性至上主义是指女性对自己或其他女孩和妇女所

持的性别歧视观念、行为和态度。例如，长期节食、对自己或其他女性的身材进行羞辱、习惯性把女同事（尤其是那些具有很大潜力或身居高层的女性）视为对手或竞争者、将社会或家中其他女性视为对手或竞争者（尤其是为了得到男人赏识）、迎合女性数学不好或不会开车这种成见等。

我们要弄清楚自己正在做什么、为什么会这样做、谁会因此受益（因为受益的不是我们），然后尽最大努力停下来并从中恢复。不幸的是，我们总围绕是否自助转来转去，导致在生活中保持卑微。

## 关注度

我接触过的很多女性都希望当作家、生涯顾问或者发展某种需要她们出头露面的爱好或事业。也许她们想写博客或写书、提供服务或者在社交媒体上发表自己的看法。她们当中有很多人反复遇到我们这个行业所说的"关注度"难题。毫无疑问，绝大部分人在他人面前多多少少都会表现出脆弱。相关研究数不胜数，相关著作也多如牛毛。不过，让女性感到害怕的事情远不止这些。也许她们身上带着从受到过悲惨惩罚的祖奶奶那里一代代传下来的创伤、被家暴或者是一位属于边缘群体的母亲。也许她们害怕在网上收到像马肯娜收到的那种评论——死亡威胁、诅咒或有关身材的批评，也许她们害怕奋力一搏会遭受惩罚。因此，女性觉得关注度是一个非常棘手的问题，其原因显而易见。她们身上每个细胞都告诉她们：保持安静才会更安全，不露面才会受到保护，以及一起对女性进行侮辱、严苛评论或批评就会受到奖励。

## 教导

从五年级起，我就痴迷于"甜蜜高谷"（Sweet Valley High）这样的系列小说。该系列小说的核心角色是一对双胞胎——杰西卡·维克菲尔德（Jessica Wakefield）和伊丽莎白·维克菲尔德（Elizabeth Wakefield）。总的来说，（按美国标准）她们完美无缺，我希望自己也能像她们那样。如今，我已不是一个非常感性的人，孩提时代的艺术追求基本都被我扔了，而且也没有一个盛满记忆的鞋盒。不过，出于某种原因，经历了人生中很多很多大事、两次婚姻、弄丢了很多非常重要的东西之后，我还是给自己留了一个盒子，里面装的是50多本这种小说。怀旧是一种非常强烈的情绪，我非常希望自己的女儿能读读这些书。

最近，我把那个用墙纸包起来的（我妈妈这位完美装饰大师用我童年时期的墙纸装饰了这个盒子）装满这些书的盒子拿了出来，把里面的书抽了出来。同时，我慢慢接受了我那刚满11岁的女儿对这些书并不感兴趣这一事实。她一边皱着眉头一

第九章／不要再盲目卑微

边说这都是些"书页泛黄的旧书"。我叹了口气,拿起了其中第 10 本叫作《错误的女孩》(*Wrong Kind of Girl*)的书。看到书背面的时候,我心头一沉。小说的情节围绕一个叫作安妮(Annie)的女孩展开。杰西卡说安妮是"很容易搞到手的安妮",因为坊间传说她男朋友一大堆(显然这就够坏了,更不用说杰西卡自己也一样)。这个有关青少年的故事又长又富有戏剧性。简而言之,由于杰西卡,安妮在啦啦队很不好过,安妮试图自杀,杰西卡和一个男孩救了她,让她不再抑郁,剧终。

作为一名四十五六岁的妇女,看到这本书的封面的时候,我想到了自己 10 岁女儿读这本书的情形。她会学到一些重要的东西,如怎么做一名青少年、想被接受就要做哪些重要的事情以及怎么对待其他女孩等。

我曾发誓要忠于养育自己的文化。这种文化告诉我,要想做个"好女孩",我必须装好一个以安静、漂亮、温顺、随和、慈爱和无私等美德做外壳的盒子。更不用说,这些美德还包括纯洁和健康。

为了真正接纳自己的赋权,我必须留意自己参与践踏女性时的那种不安,随时加以修正,并将这一看似永无尽头的忘却过程进行下去。

留意时我们只需重视我们习惯做的一些事情,您或许觉得这些习惯完全正常。刚开始,您可以留意您对另一名女性的反应。例如,如果她"激怒您"或惹到您,您是否会马上认定她投机取巧、挑衅、"戏精"、贪婪或"大嘴巴"？我绝非希望您不计后果地接受女性的所有行为，只是希望您留意。

您何时会给女性贴上各种标签而不给男人贴上这种标签？回顾完我这辈子遇到的所有女性（确切地说，是我不喜欢的女性），我不知道我得出这种结论的原因是不是因为她不符合我习惯搭起来的那个装满了女性应该如何行事的"盒子"。

### 手段

环境如此也要努力寻求改变

我直言不讳，寻求您个人发展或能动性方面的重大突破，并非为了在几个月之内改变您所处的文化或这个世界。要让包括有色女性、残疾女性、贫穷女性等所有边缘女性在内的所有女性获得平等、完整的赋权，要有翻天覆地的变化，可能需要数代人的不懈努力。因此，您的努力可能会显得微不足道，但事实上它们非常重要。人们所说的涟漪效应一点儿也没错，您的赋权让其他女性获得了追求自己权利的权力和许可。2016年后，看治疗师的女性顾客人数陡增，而在试图戒酒的人当中，很多女性又拿起了酒瓶子。女性很受伤，她们试图自助，但她们采取的方式不一定都是健康的。

那么，除了自己努力、帮助别人，我们还能做什么？是不是该再进一步为了美好的原则而斗争呢？我们怎样才能对抗、

## 第九章 / 不要再盲目卑微

打破令我们陷入难题的文化,同时又生活于其中,并在精神和情绪上保持健康呢?以下是一份手段清单,它们需要您进行思考、忘却、学习和采取行动。跟所有事情一样,拿走自己想要的,留下其他的。您要知道,这需要您不懈努力,而且这样做是为了您和其他女性。

**您要理解并接受您并没做错什么**

总的来说,我从那些对个人发展感兴趣的女性那里听到两个版本的故事。有些女性觉得自己日子过得不错,只希望能过得更好些。也许她们希望学会怎么设定边界、消除那些束缚她们的观念并实现她们的目标。还有些女性觉得自己生来就有问题。她们说,"我没办法对自己不狠"或者"我不知道为什么自己被升职。我觉得自己就是个骗子"。

相关例子可能非常多,但她们共有的感受、想法和观念就是自己活该受到指责。如果您自己有这种感受,这肯定是您自己的错。另外,她们听信了某些有关个人发展的建议,称她们要更懂规矩、改善自己的心态并保持积极思维(这并没什么作用),结果她们对自己的感受更加糟糕,进而认为自己有错甚至无比残缺。

如果您觉得自己正陷入其中,我向您保证:您并没有残缺,您没任何问题。

如今,我完全赞同自己的责任自己要负责这种说法。事实上，"负责任"是我的个人价值观之一。没错，也许一路走来您犯过很多必须加以校正或彻底改掉的错误，但我们不能忽视文化对我们的影响，因为它与个人发展直接相关。

第一步：深吸一口气，接受以下事实：虽然您可能感觉不称职或自身还有很多方面有待改进，但作为一个人您并没有失败。

**体现和释放**。如果您读到了这里，您一定是位聪明的女性（或男性）。聪明的女性，或者至少是那些找我做顾问、读我的书或跟我对话的人，都承认自己花了很多时间胡思乱想，而且一般都只会用头脑思考。第十一章将对此加以详述。不过，像所有优秀的赋权推动者一样，我也希望给您提供一些能帮到您的手段。

您的个人力量不仅依赖您的大脑以及大脑中的想法和观念，也依赖于您的身体以及其中运行的能量。是您的身体告诉您该去卫生间了、生病了、疲劳了、紧张了以及谁"好"、谁"坏"。如果您无法将沮丧、愤怒、暴怒、痛苦、恼怒等情绪从您的身体中去除，它们就会绑架您，让您困在原地。

这些感觉非常沉重，因此，就算五分钟的有意识行动也能对您大有益处。您可以围着您的小区散散步，做您最喜欢的锻炼。

戴上您的耳机，播放您最喜欢的音乐，如有必要找个隐秘点儿的地方。然后，就像表情包上说的那样，旁若无人地跳起来吧。有研究表明，跳舞有助于健康。所以，当您因为生活的压力而感觉手足无措时，尽情摇摆起来吧。

底线：通过体力活动让堵在您身体里面的能量排出体外。

**有压力时注意您的行为。**疫情期间，常见的"您好吗"这一问题似乎有了新的含义。往往，对方会重重地叹口气，而答复往往以"总的来说……"开始。很多时候，当感受到来自工作、家庭或他人的压力时，我们会对自己在乎的人发脾气、过度工作、多虑、失去幽默感、沉湎于那些加剧自己焦虑感的新闻报道、什么都觉得讨厌。

我们都有过这种经历。关键是陷进去时要留意，您要准备的不是一包辣条，相反，您要准备的是一句话、一种呼吸技巧、一小会儿的冥想，或者给朋友发发信息，或者如果可能，小睡一会儿。在疫情刚开始时，我不断重复已故的、伟大的玛雅·安吉罗（Maya Angelou）的这句名言——"每场暴风雨都会结束"。

永远不要低估在您感觉压力重重时一个小小的有益举动的作用，因为它能打破您此刻的思维模式和叙事。（参见第六章有关呼吸技巧的部分。）

**请对别人的进程给予尊重。**我有一个很大的脸书群，这个群的成员都热衷于我的一套健身设备，这个群只针对40多岁的女性。我们讨论的话题包括健身、育儿、事业等。每几个星期，都会有人提一个有关玻尿酸、化学换肤，还有肉毒素的问题。不可避免的，有人会说："不要这样，女人要优雅地老去"

或"衰老不是每个人都能收到的礼物，要感激和拥抱衰老，不要抵制衰老。"我理解她们的看法。父权制创造了理想的美丽标准。一旦年过 40，即便我们最初拥有美丽，此时也往往会人老珠黄。我们做一些事情来对抗这一衰老过程，人们会说我们是父权制的受害者，试图迎合这些有关美和年轻的标准。我还听说过以下观点：如果我们不再做这些标准的牺牲品，情形就会不同。如果我们不再穿塑身衣，不再化妆，不再用抗衰老霜，不再染头发，我们就能扭转他们头脑中的美丽标准而社会也会随之改变。

有关是谁设立了美丽标准的争论，在很多领域无处不在。如果您希望牵头改变这种标准，那就要以各种方式做出示范。不过，请尊重女性自己的进程。

不论怎样，我们都很惨……如果我们对抗那些不可理喻的美丽标准，不采取任何措施"美化"自己，我们更容易被视为没有魅力、无足轻重，而这可能在社交和经济等方面影响我们。但是，如果我们竭尽所能实现这些美丽理想，我们又会被其他女性责骂。我无意以任何方式说服您，我要说的是要允许女性选择任何一个方向，而且不要说她们这样做是错误的。无论怎样，我都希望您感觉到自己被赋权，同时也清楚自己的所作所为。

**接受您有时候也会虚伪的事实**。谈起针剂，2020 年年初我第一次弄到了肉毒杆菌素，当时我 44 岁。我推迟了注射，因为我觉得，如果我屈服了，花钱让自己看上去年轻点儿，让自己抓住年轻的尾巴，我就是一个"糟糕的女性主义者"。我跟自己说，我要优雅地老去，尽管我还在努力弄清楚它对我意味着什么（相对于广告上那些让人惊讶的50多岁的模特，她们优雅地谈论衰老，而她们自己一直身材苗条而且皮肤嫩得像30多岁的人）。对女性来说，衰老可能让人困惑，让人捉摸不透，因为我们从小就知道美貌是我们最有价值的财富。有魅力的女性、男性都有优势。不过，试看下例：39岁时女性的工资会稳定下来，而男性的工资还能再涨十年。事实上，一项研究表明，对于那些被认为不具有传统吸引力的女性来说，穿着考究的女性和穿着邋遢的女性之间的工资涨幅差是男性的1.5倍。

因此，我会不会因为同意使用肉毒杆菌素而被姐妹们说成是伪君子呢？有些人会这么认为。我也剃掉了腿上和腋窝的毛发，有时候化化妆，做做头发，也做美甲……这是否意味着我不能写书，不能在台上谈论女性赋权呢？我是在影射年长的、不那么漂亮的女性没那么重要吗？

跟我自己、我的治疗师，还有很多聪明的女性朋友进行了很多次心虚的对话后，我得出了以下结论：令人不安的真相是，人们认为漂亮的、穿着考究的、年轻的女性更有分量。如果有人据此认为我一边跟父权制纠缠不清一边让别人听从我的女性赋权建议，那就随他们去吧。

谁都不完美，没人能一丝不差地严守自己的信念。您可以在遵守社会规则的同时又对其有所抵制。跟任何事情一样，有所放弃、有所坚持应当是您的生活方式。

**参与其中时要留意，但不必自责。** 在长大成人的过程中，我们往往会不假思索地继承传递给我们的叙事。如果您的家庭深陷男人至上主义，这一叙事可能有所不同，但为我们打造的样板、要传递给我们的信息没有别的选项。

开始注意自己内化的压抑时，您也许会五味杂陈。您会感到震惊、悲伤、内疚、羞耻、愤怒等。您有这些情绪一点儿也没错。一直以来，您做的都是别人让您做的事情，因为人类要在一个社群或一个家庭中存活下来就要这样做。20多岁时，我做过两份工作，当时的老板都是女性。她们都很果断、强势而且强硬，但这两个老板我一个都不喜欢。我觉得她们仗势欺人、刻薄，而且喜欢一手遮天。回想起来，她们绝不是完美的老板，但如果她们是男性，即便她们这么做，我可能也不会做出如此严苛的评判。

我请您想想您生活中的类似情形。把您的那些女性领导以及您对她们的想法都罗列出来。我这么说不是想让那些的确需要有所改进的女性得以脱身，而是为了让您思考一下您曾经以及现在如何评判那些处于权力层或领导层的女性。

**想到什么就说出来。** 我们必须打破内化的男性至上主义。如果您刚刚开始注意自己生活中的这一问题，尤其是，如果您正设法忘却来自您家人或前任们那些陈旧而又根深蒂固的观

## 第九章 / 不要再盲目卑微

念，这事儿可能非常棘手。先从跟您关系最密切、您相信可以与其进行对话的人开始，先跟坚决不认同进步观点的家人谈也许不是最好的选择。如果您正希望就内化的男性至上主义或厌女症等话题进行对话、达成共识，这种选择就显得尤其不明智。

当您因为自己不喜欢另一位女性的穿着而对其做出评判时，反思一下：如果穿什么纯粹是人家的事，我该如何？如果这事儿跟我没有关系，我该如何？如果我能相信她的穿着跟我的观点没有关系，我该如何？如果您发现自己想嘲笑某个女性的穿衣打扮时很难改口说"姑娘，真棒"，那就请您试着保持中立吧。

**拉近那些厌恶女性者和男性至上主义者**。我的朋友兼多元性和包容性教育家提·威廉姆斯（Tee Williams）博士说："我们只排斥那些不愿意被拉近的人。"拉近是一种教育方式，一般在私下进行。拉近时务必彬彬有礼，千万不要横眉冷对。换句话说，想指责别人的话，如"女人总是太情绪化"，是出于厌女主义、男性至上主义或对女性的成见，您要以礼相待而不要态度恶劣。如果您让对方感觉被责骂或您觉得自己能指出对方的错误就比对方高明，对方是不会愿意听您的说辞的。或许，您可以说："嘿！我知道有时候我也会这样说，我正在想这样说是否恰当。我不确定您是否注意到有关女性太情绪化的说法是一种成见或以偏概全。我打算以后这样说的时候要注意点儿，如果有人好心就此提醒我，我会非常感激，因为我们这么做往往都是无意识的。很高兴跟您讨论这个话题，因为我们都学到了很多。您觉得呢？"这个例子能让您开始对话，而不是说别人"犯了错"然后将其拒之门外。如果我们真的希望改变，那就要从对话开始。

**主动承担责任**。如果我们真的希望改变一些东西，如果我们真的希望打破我们接受的成见，其中就包括让我们最信任的人指出我们在什么地方也参与了内化的压迫。其中可能包括对另外一名女性的身体进行毁谤这种明显的做法，也可能包括某些更隐秘的做法，比如开口说话时常常说"也许是我不对，但是……"最后一个例子并非吹毛求疵。我们妄自菲薄的这些不起眼时刻往往出于我们的下意识，它们还往往指向一个更严重的问题，即我们觉得自己低人一等或不够资格。对很多女性来说，不先声明自己可能有错就表达自己的想法或观点是一件大胆的事情。事实上，我们的胆子需要更大一些。

**有目的性地对待您所处的环境**。注意您周围的同事是否喜欢对其他女同事八卦或毁谤名人。罗列一下您在电视上看过的节目。奈飞平台上到处都是真人秀节目，而节目中的女性彼此斗个不停、彼此背叛，您是否在"追"该平台的节目呢？的确，看无须动头脑的电视节目可能是一种自我娱乐，不过，您是否打算用充满赋权的媒体取而代之呢？

最后，看看您在社交媒体上追随的人。我们生活在一个美妙的时代，一辈又一辈，越来越多女性努力让审美多样化以及

## 第九章 / 不要再盲目卑微

互相支持正常化。这并不是说无论女性的观点怎样我们都要支持她们,而是为了弄清楚您自己的价值体系并坚守该体系。

前文说过,但还值得再次重申,这是一段要走一生的旅程。真正的女性赋权始于社会和文化层面,但也关乎处于个人层面的我们。关注您的内心,善待自己,找到支持您以及其他女性的女性,无论您穿细高跟鞋、运动鞋、靴子还是光脚,都要先他人一步。

### 忘却

**注意**。我年轻时喜欢踢足球。我妈妈会来看我们的比赛。当我们在场上挥汗如雨时,她会沿着边线跑来跑去、吹口哨、为我还有我们全队喝彩、喊我们的名字、为我们加油。当时,她的喊声和口哨让我无地自容。我妈妈那么无休无止,我觉得尴尬无比。

回想起来,如果当时在场边的是我爸爸,我还会感觉这么尴尬吗?可能有些尴尬,但不会那么尴尬。我父亲,一个拥有低沉嗓音、"更像足球教练"的男人,在场边跑来跑去,可能在社交意义上更容易被人接受。可是,当年9岁的我只想让妈妈坐下,像其他妈妈那样看比赛。也许合适的时候鼓鼓掌也不错,但要更安静点儿。

如果我们想改变我们对待自己的方式,就必须改变我们对待其他女性的方式。如果我们希望改变自己对待其他女性的方式,就必须注意自己何时会先给女性贴标签或先对她们做出反应。本话题就是要找到问题的根源,即您觉得自己不配或为此自责的真正原因。

本章我请您注意的东西很多，如果要总结一下，那就是：列出您学来的所有"规矩"，将那些明确定下来和秘而不宣的规矩都列出来。把它们写出来，并在日复一日的生活中持续予以关注。接下来，设法弄清楚您身上内化的男性至上主义或厌女症，哪怕您觉得自己身上并没有这些东西。刚开始时，采取进一步行动前只需注意即可，因为您可能需要先克服某些感受。

**保持好奇心**。或许您已经开始注意我在本章中提出的问题并对其充满了好奇，我绝不是说您要让所有女性自行其是。我要说的是您要注意自己的想法、评判、假设和认识。请您问问自己以下问题：

看着伴随我长大的这些"规矩"，我感受如何？

这些"规矩"是否在阻碍我？如果是，怎样阻碍了我？

我对此感受如何？

耐人寻味的是，我对她有些看法。这是怎么回事儿呢？

如果对我说这话的是一个男人，我的反应会一样吗？

我到底不喜欢她哪一点，为什么？还有深层原因吗？

为什么我容易被她惹着？都是我的原因吗？

我不喜欢的是她的行为还是她这个人？我明白其中的区别吗？

**自我同情**。关于了解传递给您的"规矩"，您的情况可能有所不同。也许您对此早就了解，也许您最近才刚刚看清楚一点儿。此外，承认您自己内化的男性至上主义或厌女症可能会令您不快或困惑。

对于很多人而言，事实上她们都感到某种伤感。对一些人来说，她们可能会觉得幻想破灭——接受原以为真和善的东西实际上并非如

# 第九章 / 不要再盲目卑微

此这一事实。

如果您属于这种情况,您对这件事情的伤感或其他感受都是正常的。您也可能会感到内疚或羞耻,但这些东西对您毫无用处。在此,自我同情非常关键。正如我在本书致读者的信中所提到的,在很多方面,女性赋权是一种反叛行为,因为它迫使我们在行动中违背标准"规范"的同时还要"玩好这场游戏"。不客气地说,您可能被搞得头晕目眩。

**保持动力。**我的一个朋友在练习超长马拉松,一场要跑100英里。这样的比赛要跑好几个小时,尽管她要跑一整个晚上,在树林里大便(有时候周围还有陌生人),沿路休息(但不能睡觉),掉趾甲,她还一直说这是一种头脑比赛。谈起这种比赛时她充满激情,有几次她差点儿说服我跟她一起跑。

我把这一话题看作一场马拉松比赛,而不是一场超长马拉松比赛。这绝对是一场漫长的比赛,令人痛苦,令人困惑,但收获良多。在揭露旧的模式和观念的过程中,您并非只是在为自己寻求治愈和学习一种新的、更强大的存在方式,您这么做也是为了您之前和之后的女性。有时候,您或许会想"为什么费这个力气"或者觉得这就像要把一块巨石推上山那么困难,或者您往前走了两步结果退了三步还失去了一个趾甲。因此,毅力至关重要。

您的生活以及随之而来的力量取决于您的价值观、信念以及源于它们的行为。不过,一旦您弄清楚了以往是什么在阻碍您,您将认识一个新的促使您前进的真相,它将使您的前行更加轻松。

# 10

## 第十章
## 不要再坐等自信

在电影《油脂》(Grease)中,我最喜欢的人物是沙琳·查查·迪格尔戈里奥(Charlene "Cha-Cha" DiGregorio)。您或许喜欢桑迪(Sandy)、里佐(Rizzo)或者弗伦奇(Frenchy),但对我来说,查查就是一切。

我们先花点儿时间来解析一下查查。我们对她的了解并不多,因为她这个角色没多少镜头和台词。然而,她一露面,凯内基(Kenickie)介绍她时说:"嘿!有个人我让你们见一下。这是沙琳·迪格尔戈里奥。"她回答说:"他们叫我查查,因为我是圣伯纳黛特最出色的舞者。"我们绝大部分人都记得,下一句台词就让她受到了侮辱。不过,这事儿暂且不提,我们能否专注于以下事实,即她告诉了刚遇到的人自己是全学校最好的舞者。

您能想象您对单位另一个部门的一名同事进行自我介绍时,声称自己是密西西比河沿岸最出色的销售员吗?您能想象在某场家长会上介绍自己时,您面带微笑和坚毅的表情说"嗨,我是艾玛(Emma),是这个区有史以来最好的班级生日派对

## 第十章 / 不要再坐等自信

脆米花制作者"吗？

查查就是这么做的。在学校舞蹈比赛期间，她在健身房一直黏着丹尼（Danny），她很清楚，要获得比赛胜利，自己需要一个很棒的舞伴。一有机会她就把丹尼从桑迪身边带走了（桑迪扬了扬双手，怒冲冲地离开了健身房，但完全没准备动手）。之后，查查就满心欢喜地跳了起来，此时我们还没说她跳得多么激情四射。后来，她和丹尼赢了比赛，没等老师把奖杯递过来，她就从老师手中抢了过来，然后得意洋洋地拿着奖杯在空中挥舞，好像在说"看呀，失败者！我早跟你们说过我是最棒的舞者"。

显然大家不喜欢她这样，但她毫不在乎。绝大部分女性在得知别人不喜欢自己时都会彻底懵掉。弗伦奇提到查查的"恶名"时，我想她怒视弗伦奇时眼睛中的怒火能把健身房点着。她本可以泪如雨下，追着粉红女郎们以求和好，就在舞会上偷走桑迪的舞伴而道歉，但这些事情她都没做。她来这里不是来交朋友的，而是为了开心，为了得到自己想要的东西。

当然，我并非鼓励您无视他人的感受、抢走别人的舞伴或领奖时不注意风度。显而易见，查查是一个虚构的人物。不过，如果我们仅从象征意义上来看，查查明白自己要什么而且为之努力。她不在乎是否伤害了别人的感受，也不觉得应该为此负责。她不在乎"装好人"。她看到了机会，然后就去抓住这个机会。我们能否暂停一下，感受一下她的那种自信呢？

挺身而进 /
成就自我的勇气

在您生活中，您是否曾因为感觉自己不配、不够聪明、不够优秀而错失自己的机遇呢？也许您曾有过。查查会错过晋升的机会吗？不会。她会因为开会时其他人不喜欢她的主意而不发声吗？还是不会。她知道自己值得这么去做，那么如果不起作用怎么办？嗯，下次总有机会。在她头脑中，总会有下一次机会。

查查有一种我们可以多加利用的自信，因为她是勇敢发声的缩影。不过，我们可能需要以某种方式看待自信（也许不是像跟新朋友大声吹嘘自己的成就那样，不过那样也可以）。人们想到自信时，可能认为自己不自信的原因是还有件事他们没做到，或者在自己生活中变得更自信这一过程应当是线性的。对很多人来说，自信可能让人困惑。因此，我们拆开来逐一分析，以便您弄清自卑如何偷偷进入您的生活，同时也给您提供一些手段，使树立信心成为您一辈子的做法。

## 努力

在多个章节中我一直在谈如果您无法实现生活中的改变会怎样。我跟您说过，相信那些消极的故事会有什么后果，也说过不索取自己所需会有什么后果。既然现在谈到了自信这一话题，我将向您展示怀疑的"绝对好处"，让您了解人生中缺乏自信会怎样。因为，有可能您也缺乏自信。

但是，有时候我们看不到自己缺乏自信。它在我们的思想、观念和日常行为(或不作为)中根深蒂固，以致我们对此一无所知。如果您不清楚缺乏信心可能对您造成的阻碍，请看以下事例：

**您一直等到"准备好了"才会动手**。比如，您会等自己"准备好了"才去健身、重新开始约会、出售您的艺术品、申请您需要的工作或写您的小说。您觉得一定还有些事情没做好，还有些资质尚未获得，或者也不确定是否还有什么事情没做，但您确定自己并未准备就绪。

**您很难开口讲出自己的愿望和需求或者对它们进行优先处理**，也不相信自己的愿望和需求很重要。也许您的生活中没有这种问题，因为您已经将自己定性为养育者或看护者。您将自己优先视为自私，或不希望因为自己优先而被人视为自私。这种做法又演变成喜欢将就或妄自菲薄。这种情况可能发生在家里、单位、原生家庭或朋友之间。

**您难以做出决定或选择**。您向朋友或在线测验寻求建议。您或许觉得自己无法做出正确决定，或者就算您觉得自己可以做出正确决定，但又担心无力贯彻或实现自己的决定。

**您难以坚持原则**。我们诚实地说，我觉得没有哪个读自助书籍的人是原则方面的专家。由于缺乏自信，我们在设定健康的原则方面技巧不足，因此就算我们设定了原则也无力贯彻这些原则。

**您进行消极的自我对话，跟别人进行比较，然后得出的结

**论是您不配**。犯了最小的错误也感到自责，进而对那些思维进程带给您的结论深信不疑。例如，您跟某个客户相处时有所疏忽，然后您就认为，"我太愚蠢了，我怎么能忘掉那次会议呢？他们觉得我是个白痴"。之后，您就相信您真的是一个愚蠢的白痴了。每个人时不时都会进行消极的自我对话。但是，如果您一向如此，而且您的感受和行为均来源于此，这可能就会成为一个大问题。

关于消极的自我对话，看过这一清单后如果您觉得自己也存在其中某些问题或所有问题并为此自责，请退后一步并告诉自己您一切正常。学校不会教您自信，而且您母亲或外婆对于如何变得自信也头疼不已，这种不自信会在无形中传递给您。

研究表明，还在读书的孩子会因为安静平和而受到奖励。因此，一方面，我们年少时树立自信所需的行为，如冒险或犯错，却是我们极力避免的事情。另一方面，男孩子插科打诨、打打闹闹，人们并不感到意外，因为人们认为这些事情能够培养男孩子的韧性和自信。

长大成人，开始工作后，我们发现：人们把自我推销、抓住机遇、大胆发声、分享观点、给上级提出建议当作能出人头地的特征，而且认为只有男性才应该具有这些特征。如果女性表现出这些特征，她们常常不被提倡，男人、女人都不喜欢她们这样的人。这种恐惧（无论是否是有意识的恐惧），足以让女性过度焦虑并裹足不前。我想说的是，这并不是您的错。

# 第十章 / 不要再坐等自信

意识是改变的第一步，搞清楚您在日常生活和选择中什么时候会缺乏自信很重要。因此，如果您对此感觉沉重，深吸一口气，拥抱一下自己，我们一起来看看。

## 自信为何重要

自信是一个总话题，它涵盖了您在本书中能够看到的所有其他话题。没有一点儿自信，您就无法开始争取更多空间、索取自己所需或划定底线。做这些事情时，您无须完全自信，但您要了解您是在什么地方跌倒的。这样有事发生时，您就能及时掌握而不会一无所知，任由事态脱离您的控制。

例如，如果您跟某个朋友之间有个一直解决不了的问题，而且似乎总绕不过去，这可能就是一个底线问题。如果您没有相关知识和手段，也没有信心与朋友开始对话、为您自己以及您的友谊挺身而出，您就会原地打转。

## 自信的迷思

尽管我喜欢查查，如今依然会想象作为她会怎样做，但我还是希望在真实生活中模仿她能更容易一些。获得自信并不容易。

我教授这一话题已经有十几年的时间了，因此我想讲一讲自信的强大迷思。看一下您是否属于以下情况：

**迷思 1**：您天生就自信，它是您骨子里就有的东西。相信这一迷思的人往往觉得这肯定没错，因为他们出生时并不自信。我以前也相信这一点，希望我被遗传了这一基因。

**迷思 2**：伪装拥有自信直到您真正拥有自信，这样您就可以获得自信。这一迷思使您相信通过假装拥有自己并不认为自己拥有的东西并采取行动，您能够获得自信。这只会让您感觉糟糕透顶，感觉自己是个大骗子。这一迷思还包括"如果打不过他们就加入他们"，这一心态鼓励女性为了出人头地要像男人一样行事。这只会让我们违心行事，而且最终也会因为这种行事方式被其他女性厌恶。

**迷思 3**：就像社会保险金之类的事物一样，等年龄大一些您就会变得自信。因为我们都知道《黄金女郎》（*The Golden Girls*）中的布兰切·德芙瑞克斯（Blanche Devereaux）多么自信。然而，谁都不想坐等自己变成黄金女郎。

自信不是与生俱来的东西，不是靠假装就有的东西，也不是人到中年就能自动获得的东西。自信是一点一点慢慢建立起来的东西。您尝试、搞砸、然后再一次次尝试，直到取得进步，在余生中继续这一进程，自信就是这样建立起来的。您的目标是使自信最终成为第二天性，到时自信会一直伴随着您。

自信的基础在于勇气。践行勇气意味着要做位于舒适区之外的令人恐惧的事情。就个人而言，我并不认同随处可见的"每天做件让自己害怕的事情"的个人赋权建议。因为坦率地讲，虽然我赞成追求大胆的目标以及跳出舒适区，但我们的神经系统需要时不时休息一下，因此我不希望有人为了变得更好而不断恐吓自己，把自己弄得筋疲力尽、昏头昏脑。量力而行的窍门在于您要了解准备做些新鲜事儿时的那种恐惧、兴奋、紧张或激动，您会因此觉得勇气十足。

大的英勇事例包括接一单新生意、悲惨分手后再次开始约会或跟老板会面提出加薪的要求等。小的英勇事例包括报名参加一门您感兴趣的课程（哪怕是线上的）、做志愿者或急于求成时在大白天打个盹等。根据您的经历，或大或小的英勇事例包括揪住种族主义或男性至上主义的评论不放、摆脱一段不健康的恋情，或者像您在第七章中读到的那样，有勇气质疑自己的故事等。

勇气可能表现为很多不同的形态。英勇事例不一定是大的、意义深远的、令您胆战心惊的事件。践行小的英勇事例可能会让您感到恐惧，但是这样可以慢慢造就一个勇敢的、自信的您。我希望您感到不安时能有所反应，因为那种不安就是您的勇气、您的英勇、您的伟大。

## 手段

### 真相与教化

在我们探讨使自己在生活中变得更勇敢、更自信的手段之前，同以往一样，先了解一下有关自信的社会化和教化，了解它们让您相信什么、如何行事，这非常重要。问一下自己以下问题：

在成长的过程中，您觉得自信的女性是怎样的？您的主要看护者谈论自信时听起来很积极还是很消极？还是根本没谈过？

您对自信的假定是什么？例如，看看上面的迷思，您是否假定这些迷思跟您无关？还有其他东西吗？

您是否曾经假定自己不得不做一些事情以获得自信？比如，您是否觉得还需要获得某种程度的成功、减肥、增加圈子中的朋友或者金钱？

您在电影、电视节目或书中有没有见过或读到很自信的女性？您是否觉得自己也可以像她们那样？为什么？

答完这些问题后，看看您的答案，思考一下您的真相。注意在您的成长过程中哪些假设并不合乎事实。举例来说，也许您过去相信为了获得自信就必须在经济方面有所成就；也许您在电影中看到过自信的女性，但您会认为她们摆架子、耍阴招或爱炫耀。进行这种区分、推断您成长过程中相信的东西，这很重要。即便事后您也可以弄清楚您的家人或文化教会了您什么。

如果您难以找到自己的真相，先质疑一下那些可能有误的对上述问题的回答。从逻辑上来说，您可能知道自信无法用具

## 第十章 / 不要再坐等自信

体数字进行衡量或者有时不得不跟风。您的这些观念可能根深蒂固，要经过一番忘却您才会对它们发起挑战或质疑，并接受自信应有的内涵。

我希望您的真相能变成这样：自信是习得的，您能够而且也可以学会自信。自信的女性践行勇气和韧性。她们在自己的奋斗中寻求支持，理解自己的恐惧，而且会采取行动。她们拥抱自己天生的优势，并自力更生。

您必须结束这种描述并定义您自己的自信。我希望您能弄清楚自己身上有哪些与对自信女性的描述不符的谬误。

### 何时开始

自信女性的共同之处在于，她们无须等到一切就绪才开始行动。相关研究表明，自信的关键在于您能够掌握某种技巧的体验。我希望您用唇膏在浴室镜上写下"不要等到一切就绪才行动"，把它印在 T 恤衫上，这样您每次因为失望或恐惧而低头时，就会看到这几个字："不要等到一切就绪才行动"。您知道吗？我在写第一本书的时候并未完全准备好。我开始下海、第二次结婚或登台面对数千人进行主旨发言的时候也没准备好。我想要的是无须准备就能做到的事——完成某件事，相信自己能做好这件事、能边做边学、下次能做得更好（婚姻除外，我希望这是我最后一桩婚姻）以及一定能慢慢变得自信。朋友们，事情就是这样的，熟能生巧。

如果要等到自己准备就绪才行动，您会等很久很久而且可能会一直等下去。关于这一现象，我要站起来，挥动双手，跺着脚，大声说：绝不能让这种情况发生！走您该走的路，对此我完全赞同而且尊重您取得的任何进展。但是，女同胞们，如果有什么事情需要您在一切准备就绪前就开始行动，我恳求您再勇敢一些。

我希望您能奔向自己最美好的生活，我全力支持您这样做。同时，我不希望您因为受到冷落就不多想想怎样才能实现目标。因此，如果您打算不等一切准备就绪就开始行动，就需要探讨一下主要靠什么我们才会变得更加自信。

### 了解自己的价值观

您可以把价值观称作自己的"黄金规则"、启明星或精髓。只要您知道什么对您重要，了解自己的生活方式，我根本不在乎您怎么称呼自己的价值观。如果您能读到这里，那么自我完善、勇气和爱就是您的核心价值观。我的直觉告诉我，您比我更了解您自己。知道了自己的价值观、将它们说出来并加以描述，就意味着您已经开始按照它们行事了。按照自己的价值观行事需要勇敢，需要您在生活中无所畏惧（因为您的确如此）。您的价值观构成了您的身份——您想成为的那个女人。

# 第十章 / 不要再坐等自信

如果您因为感觉这样做不性感，或者因为自己不记得何时曾做过勇敢的事情而在清单上写不出什么令人惊艳的英勇之举，想跳过这一练习，请先听我说完。对很多人来说，她们的最高价值可能就是那些自己"渴望的"东西。它们是您追求并试图实现的价值。因此，请把这当作一份邀请，请您思考并写下这些价值以及您希望过的生活或希望的行事方式。即便您觉得它们遥不可及或每天都需要校正航向，这都没什么关系。这样做的全部意义在于——向着您更美好生活的方向前进，这才是重要的东西。

这很重要，因为您来到人世间不是来游玩的，不是为了进行一场半途而废的彩排。女同胞们，不是这样的！您来到这里是为了稳步走进、踏步走进您的理想身份，成为您希望这本书能帮您成为的那个女性，那个最爱您的人都认识的那个女性。

一旦您弄清楚了自己的价值观，就可以决定自己需要采取怎样的行动。如果您的价值观清单上有真实一词，您一向对朋友敞开心扉吗？您会设定底线吗？您会索取自己所需吗？根据这些价值观行事可能会让人有些害怕，但是它们既是对您价值观的尊重也是需要勇气的事情，这样做您会获得自信。即使您会犯错，在这个过程中也会养成坚韧。

## 成长与固定心态

卡罗尔·德韦克（Carol Dweck）博士对心态进行了研究，并出版了《终身成长：重新定义成功的思维模式》（*Mindset: The New Psychology of Success*）一书，书中提出了其所说的成长与固定心态论。如果人们有固定心态，他们往往相信自己的失败会束缚自己，会自行判定生活中哪些事情是可能的，好像他们的潜力先天注定非常有限一样。一个具有固定心态的人，对于反馈尤其是批评非常在意，即使是被挑战他们也会畏缩。

具有成长心态则意味着将失败或挑战当作成长的机会，知道自己的视角和努力程度决定自己的能力，认为反馈对于自己的成长是建设性的、有帮助的，并认为他人的成功令人欢欣鼓舞。

根据德韦克的研究，我们出生时并没有什么固定心态或成长心态，心态都是我们学来的。人们不会轻易养成一种或另一种心态，了解这一点也很重要。德韦克说："每个人都既有固定心态又有成长心态。您可能在某个领域具有明显的成长心态，但在其他领域或有些事情上可能表现出固定心态，如非常具有挑战性的事情或者您舒适区之外的事情。或者，如果有人在您引以为傲的东西方面比您好得多，您可能会想'哦，那个人有能耐，我没有'。"

简单地说，成长心态专注于学习过程而非结果。因此，其目标不是为了功成名就，而是为了接受挑战、尝试新事物、接受反馈，注意自己的态度、自我对话以及该过程中的感受，从而获得自信。是的，这可能会让人不适，但成长心态及随之而来的自信，不仅值得我们这样去做，而且它们还能改变我们的生活。

## 做出决定

不，我并不是说您一旦决定拥有自信就会变得自信。如果真能那样，那本章也没什么好写的了。我也不是说如果您想就某件事做出决定，只要把待办事项最后一栏填好就可以了。从本质上来说，决定就是决定，仅此而已。

但是，做出某项有意识的、有目的的决定并非如此。也许您并未准备好做出这样的决定，但您总会做出决定。

英国的一项研究表明，拥有确定的目的将使您更有可能实现自己的目标。因此，如果您的目标是为了更自信，而且您知道要自信就要采取行动，那么现在就决定何时以及如何开始行动吧。您什么时候会坐下来专门申请加薪？您会怎样将您的固定心态转变为成长心态？您打算本周几制订一份价值观清单，并对它们在您生活中的形态加以定义？

## 认同

做教练的原则之一就是提问要充满力量。我最喜欢的问题之一就是，您要成为什么样的人才能实现自己的人生目标？换句话说，也许您现在的认同并不足以使您从甲点到达乙点。也许您已经确定了目标并把它们写在日历上，就等着它们实现时在日历上将它们一个个划掉，并在社交媒体上晒出来，但是，如果您认为当下的自己与内心所愿相反，这种感觉就像穿着水泥鞋试图从流沙中爬出来。结果，您对自己的感受更加糟糕。

我的朋友坎迪斯（Candace）快50岁了，她跟我说："我一直在想自己马上就要50岁了这件事情，我决定要成为那种虽然年老但健康的人——那种到了七八十岁还能健步如飞、生龙活虎的老太太。因此，要是我想今后二三十年能那样过，我现在就要成为一个健康的人。"

您要做的不是树立什么宏图大志，在您离这些目标距离还很远的时候尤其如此。如果希望稍微甚至从根本上改变您的生活，您需要首先采取一些小的或极小的措施。坎迪斯开始散步，不过每周仅两次。另外，她也开始使用牙线——多年前她就想这么做但从没这么做过。

这些小措施向坎迪斯证明，现在就开始这么做意味着她可能真的会成为一个健康的老年人。

在著作《掌控习惯》（*Atomic Habits*）中，詹姆斯·克利尔（James Clear）对此进行了探讨，他说，"要相信自己的某种新的认同，我们必须向自己证明这一认同。"这意味着您需要拿出证据证明，无论您正打算健身还是获得晋升，您能够成为那个可以实现自己目标的人。这种证据不一定是终局，但应该是像每周健身两次每次 20 分钟、跟某个或许能够帮您晋升的同事对话这种稍微小一点儿的证据。

因此，如果您想成为一个自信的女性，从一开始就要定义好自信，问问自己：对我来说，自信的女人指的是什么？

是一个明知自己不舒服但还是会坚持完成、尽情闪耀的人吗？

是一个用身体、嗓声或观点争取空间的人吗？

是一个尽管内心忐忑但还是会索取自己所需的人吗？

是一个倾听自己内心智慧的人吗？

是一个虽被生活唾弃但仍保持坚韧的人吗？

是一个直面并对抗男性至上主义、厌女症等其他社会不公的人吗？

是一个不怨天尤人，反而原谅他人，必要时承担责任并奋勇前行的人吗？

是一个注意到自己被生活抛弃，但始终自爱，并决定直面生活的人吗？

是一个有意识地与其他女性建立良好关系，学会信任她们从而获得所需支持的人吗？

是一个感到恐惧但努力求成的人吗？

您必须做出决定。对您而言，自信的女人意味着什么？欢迎您利用我的清单，并进行调整或补充。

没有谁的回答是错的，这完全取决于您的愿景、您认为生活方式中哪些东西重要以及您注定要成为什么样的人。无论我还是其他人都不能替您做出决定，而且也不应该由我们来做出决定。这一方面应由您来掌控。

接下来，问问自己，我需要做什么才能成为一个自信的女人？

或许您应该告诉自己：

我是一个无须准备就绪就会行动的女人。

我是一个做渺小但勇敢的事情的女人。

我是一个利用自己的权利发表自己观点的女人。

我是一个即使感到害怕也会索取自己所需的女人。

我是一个倾听并信任自己内心的女人。

我是一个从小处着手解决问题而不是只会抱怨的女人。

我是一个坚韧、跌倒后再站起来的女人。

我是一个知道自己价值的女人。

我是一个总是自力更生的女人；即便进步不大，但强有力。

我是一个抵制文化成见并抵抗压迫的女人。

我是一个会展开对自己以及所有相关者有利的艰难对话的女人。

然后，您可以做出小的选择、采取小的行动，以证明您确实就是这样一个女人。还有，如果您无论如何都想采取大的行动，我向您致敬，为您加油！只是，重要的是您要向自己证明您可以创造一种新的认同，一种围绕自信而建立的认同。

## 您的另一个自我

2012年，我克服了以前的恐惧，到我们当地的轮滑德比联盟试训。我从不认为自己有运动细胞，但我被这项运动的进取精神、队员的多样性和包容性以及学习新东西的挑战所吸引。在德比联盟，大部分选手会选一个"德比名字"（有些选手轮滑时会用自己的真实姓名，认为用德比名字会恶名化这项运动，我完全明白他们这么说是什么意思）。对那些给自己选德比绰号的人来说，很多时候这个绰号就成了第二自我。在现实生活中，托尼亚·沃克（Tonya Walker）并不让人害怕，但基拉·帕特雷（Killa Patra，绰号为鲜血捕获者）很可能用髋部阻截您而您根本看不到她冲上来了，而且也不会跟您道歉，因为比赛就是这样打的。

所以，轮到我选自己的德比绰号时，我想到了自己的中学。您还记得女孩子年轻时，尤其是还在读中学的时候，被别人称为"自大狂"会感觉糟糕至极吗？对着学校浴室镜多梳一会儿头发的女生被认为是自大狂，花点儿心思在外表上的女孩被认为是自大狂，承认有男孩子喜欢自己的女孩也被认为是自大狂，对吗？我希望能用自己的德比绰号表明自大并非罪不容诛，我希望能为这个字眼正名。我希望另一个自我毫不在意别人怎么说，就像查查说自己是最好的舞者一样。所以，我就选了"维罗妮卡·韦恩"（Veronica Vain）这个名字。维罗妮卡·韦恩只在乎两样东西：在赛道上横扫对手以及炫酷。

为自己创造第二自我并不是什么新鲜事儿。众所周知，碧昂丝（Beyoncé）创造了萨莎·菲尔斯（Sasha Fierce），克里斯蒂娜·阿奎莱拉（Christina Aguilera）创造了埃克斯蒂娜（Xtina）。如果您不熟悉这一术语，直白地说，第二自我就是另一个版本的您。创造第二自我的简便方法就是想象放大了的、最好的、最高层次的自我。如果您选择这一练习，我希望您利用以下步骤创造您的第二自我：

**步骤1：确定您的第二自我的目标**。您为什么需要它，您想用它做什么？是为了让您面对艰难对话时变得更自信吗？是为了应对挥之不去的心魔吗？也许您的愿景板上有很多远大目标，只是它们看似不可能实现。或者，您觉得自己一直不够自信，因此愿意试试这个练习。也许您想在特殊情况下使用一下这个练习，或许它能整体上提升您的自信水平。不论您的目标是什么，第二自我都是您特有的东西，树立第二自我很重要。

**步骤2：为何第二自我非常重要？** 除了思考创造第二自我的目标，也请您考虑一下您对于这些目标有什么样的情绪共鸣，因为这是您要使用第二自我的地方。举例来说，您希望能在开会时多发言、想到一些好点子、有些问题要问或者只是希望参加到大家的对话中来,可是,话到嘴边但您就是说不出口。这种情况已经有好几个月了,现在开会时完全不参与成了您的常态。问一下自己,为何发言对您那么重要?更确切地说,您考虑发不发言时有怎样的感受?

只觉得自己"应该怎样"是不够的。在本例中,我猜其中的原因不仅在于让人听到您的见解本身,还在于让人听到您的声音。也许是为了作为一个团队参与其中。不论原因是什么,那样做对您意味着什么、您的感受如何?开会时您一言不发,会议结束后回到自己办公桌的时候,您是否觉得卑微、低人一等、好像自己无足轻重?您会自责、会希望跳出这个怪圈吗?

这一步是为了让您弄清楚:您在情绪层面希望获得什么,在生命尽头回顾自己一生时特别后悔没做什么事情。让您希望做的事情成为重要的事情,将这些事情付诸行动就像配了音乐的特写,可能成为令所有人为之尖叫的火爆视频。这就是第二自我要帮您做到的事情。

**步骤3:创造第二自我的信念、个性和态度**。她有什么优点?她的心态是怎样的?有什么东西她认为是真实的而您难以接受?例如,也许她完全接受批评和失败,认为这是一个明显的标志,说明她走在正确的道路上,她会以此为动力坚持下去。请记住,这是您理想的自我,您必须将其设计成为实现理想的真实生活所需的角色。

**步骤4:必要时呼唤第二自我**。收到一封电子邮件,您要拒绝但不确定如何回复，此时您内心的讨好者正犹豫要不要输入"当然可以"？换种做法，暂停并自问，"（我的第二自我）会怎么做？"很多时候，那是您唯一需要问的问题。如有必要，再加上您的情绪，花20秒鼓起勇气，打上"感谢您的询问，但我不会那么做"。

这是为了围绕自信打造新的、赋权性的习惯。同样，为了保持动力和树立更强的自信，您需要向自己证明事实上您可以走出自己的舒适区。您可以做自己从未想过可以做的事情，或者曾认为只有"别人"才会做的事情。小小的做法等同于您内心认同的巨大转变。通过第二自我等手段追求点点滴滴的认同，使您成为一直以来的您。

### 忘却

**注意**。注意您何时缺乏自信。也许您在工作中很自信，但一旦涉及各种关系，您就不那么自信了。也许您在生活所有领域都缺乏自信，也许您只在某个领域缺乏自信。或许，根据您生活的不同季节，您有时缺乏自信有时又不然。您刚为人母吗？初为父母非常不易，因此这或许是您最需要一些自信的领域。另外，您或许在某个领域获得了自信，只是因为遭遇挫折才失去了自信。极其正常，您只需养成留意的习惯即可。

**保持好奇心**。即使您知道您新版的自信是什么样子，但还是要彻底弄清楚在您成长的过程中您相信自信女性应该怎样以及应该如何行事。如果您认为自己也能拥有那些东西，那些东西会怎样塑造您的成长。

重要的是，您要问一下以下问题：

谁是您最早的自信老师，您学到了什么？那些东西积极还是消极？

有没有什么您如今已经知道的有关自信的迷思？您从哪里听说了这些迷思，还是您自己杜撰了这些迷思？

涉及自信，您能区分自己受到的教化和真相吗？如果能，区别是什么？如果不能，您需要做什么才能更清楚两者的区别？

您生活方式的哪些方面非常重要，这些重要的东西又怎样转化成了您的价值观？如果您现在丧失了这些价值观，需要做什么才能重获这些价值观呢？您对这样做是否有所抵制，如果是，是怎样的？

拥有第二自我对您有何帮助？

您愿意放弃哪些妨碍您更加自信的东西？

从本章学到哪一点能让您更加自信？

**自我同情**。如果您觉得自己的自信水平不够出色，尤其是，如果您在读完本章后对自己感觉更糟糕了，觉得"我算没希望了"，我要提醒您：是我们的文化让您难以自如地接受勇敢这一自信必需的成分。这是一场艰难的战斗。如果我问您"您是否会因为未能在几个小时内爬上珠穆朗玛峰而难过"，您当然会说不会。这很荒唐，对吗？对任何人来说，这都是一项不可能完成的任务，所以这没意义。

没人把自责当作通往更加自信的道路。如果您在这个领域缺乏自信，这不是您的错。所以，您要知道，即使您父母或看护者的出发点无可挑剔，养育您的方式也可能让您觉得极其不安全。您现在就需要为自己着想，利用一些手段，一步一步地朝着更勇敢更自信的方向前进。

**保持动力**。我想说清楚,像任何的个人发展话题一样,自信也需要一个过程。它是您学到的东西,您要留意它怎样以独特的方式出现在您的生活中,了解如何做出小而有力的改变。然后您采取行动——有时候有用,有时候不然。您或前行或倒退,偶尔两者兼而有之。

培养您的自信会影响您生活的各个领域——工作、两性关系、为人父母、爱好、远大目标,甚至您对过往的看法。您永远不要低估思想的力量、对自己的感受以及自己天生的力量。

人生只不过是我们每天做出的一系列选择。一天天变成一月又一月,然后又变成一年又一年。即便原地不动更加轻松,但您今天就决定采取行动以获得更多自信呢?您天生就注定要做一番大事、过勇敢而充实的生活,而且您唾手可得。

## 第十一章
## 不要再脱离生活

曾经我有个行为宝库，随时可以从中选择某种行为以获得超脱。我会打开它然后选……今天要帮自己逃离自己的生活应该做什么？要避免被感情所累应该做什么？

在相当长的一段时间内，我的问题都出在两性关系上。每个周末我都会打扮好，跟闺蜜们出门，去酒吧或俱乐部，找个跟自己眉来眼去的男人，而那个男人会暂时成为我自尊和迷恋的源头。

接下来，追求就开始了。出于某种原因，我仅有的道德感让我告诉他们我有男朋友——或许是为了让自己内心能保持某种原则。我们会保持某种关系几个星期或几个月，偷偷出去约会，内心时而为此兴奋不已，时而感到羞愧和自我厌恶。羞愧难当时，我会摆脱这种关系，发誓从此住手做个"好女人"。我会跟自己保证要好好的，然后又会重蹈覆辙。因为我觉得那种感受让人受不了，所以需要释放一下。于是，我会打扮好又开始跟闺蜜们出门。

除了爱恋成瘾，我还有饮食和锻炼失调的问题。如今我知道很多人都靠这种方式寻求解脱。沉迷于身材控制、饮食（或节食）或用健身的名义惩罚自己的身体，这些事情要容易应对一些。这些是我觉得能掌控的东西，因为我觉得自己的生活只是偶尔会失控，但恋情却总是失控。在一个崇尚苗条、年轻和美貌的文化中长大，我很容易陷入这个陷阱之中。我认为，如果自己拥有平坦的腹部，如果我能穿得下小一号的牛仔服，如果每天少吃一两顿饭，我的生活就会很棒。不过，我会因为自己不够苗条而感到羞耻或者崩溃而一口气吃掉整个比萨，然后再减肥，如通过限制能量摄入、偶尔催吐暂时减肥或监督自己减重。如此循环往复。

我花了好多年才意识到这种成瘾行为背后真正的原因，不是为了获得跟性感男人鬼混的表面价值，也不是希望自己看上去像个比基尼模特。我的行为体现了人类内心深层的东西。对于以往、自身、自己的恋情、性爱，我有种自己当时并不了解的羞耻感。像大部分人一样，我极其恐惧被人抛弃，这一点在我的恋爱成瘾中可见一斑。做人就会有羞耻，而我以前不知道这一点。我以前只知道有些事情会让人受伤，而我希望远离这些事情。我以前不想谈论痛苦，我只希望痛苦会消失。所以，我断断续续地能够得到解脱。不幸的是，由于这种解脱零散而短暂，我很快又会重拾那些不健康的习惯，开始酗酒、疯狂购物，实际上我开始做任何能让我摆脱当时那种感受的事情。

有时候我们会采取完全超脱的行为来实现解脱。有人跟我

## 第十一章 / 不要再脱离生活

说我很善于处理危机——最近，在我去太平间取我父亲骨灰的路上，有人这么跟我说。他刚去世 10 天，我从未在任何人面前崩溃过，相反，我一手操办了跟他的殡葬有关的很多琐碎事务。也许是我的性格使然，也许是典型的遇到悲剧时的过度负责，我可以轻松抑制自己的情绪，将它们分割开并专注于需要做的事情。

几年前，当时我五岁的女儿因为盲肠破裂需要进行紧急阑尾切除术。无论是急诊室医生告诉我她需要马上进行手术的时候，还是我们待在医院的四天，我都保持着冷静，近乎淡定自若。在任何情况下抑制自己情绪的能力几乎就像我的第二天性。

或者以艾丽卡（Erica）为例，她现年 36 岁，来自加拿大的安大略省。她说："我的情绪问题会突然爆发，会让我感到'意外'。如果我被吓到或觉得难以处理，我会设法不予理会。不用说，这样做从没什么作用，而我的情绪问题会开始快速恶化。一旦感到手足无措，我的内心就会开始超速运转，把事实、知识和逻辑都抛之脑后。我的心魔开始登台，而我的身体会跟着我的心态同时做出反应。我感到焦虑充满了整个身体，让我近乎瘫掉：我的双臂开始刺痛，肚子开始翻江倒海，开始出汗，呼吸越来越急促而胸口好像正被塞上。发生这种状况时，如果周围有人，我会假装微笑并告诉自己，'不是现在，不是这里，想些开心的事情'。我竭尽所能地压抑自己的感情和情绪，确保它们不表现出来。这让我费尽全力，筋疲力尽。几分钟之内，我的感受开始消退。我骗自己这些感受已经过去了，而事实上我从未掌控过这些感受，但这些感受肯定还会再次浮现，而且会更加猛烈。我越压抑自己的感受和情绪，我的身体和头脑就越努力让它们再次出现。"

在困境中超脱是一种高超的技巧。

就艾丽卡而言，如果她在工作中有压力，超脱可能帮助她在高度紧张状况下完成某些事情。然而，我们当中的一些人大部分时间都处于这种状态之中。一旦出现具有挑战性的、伤害性的或棘手的事情，我们就会什么都听不进去，什么也不想说。

### 谁在乎？

您或许在想，"这事儿到底有多重要？我偶尔闹闹情绪又会怎样？遇到难事我不超脱会有那么大的区别吗？"

或许您相信自己的超脱能让自己安全无虞。您受到的伤害多得数不清，您的超脱没有问题，而且与任何人无关。

实话实说，您仍然可以继续过美好的生活并继续超脱。您什么时候都可以生活、爱和开怀大笑。您仍然可以恋爱、升职并感到幸福。但是，经历过这两种状态并花了十几年疗伤（我想说我们都在疗伤）之后，我已经懂得了人的真正力量。绝对的最佳自我就是您作为一个全身心投入的女人。当您能够直面自己的生活时，您同时就获得了自己的力量。我也知道，如果

## 第十一章 / 不要再脱离生活

您一直通过麻痹自己和超脱来逃离生活，就不可能真正掌控自己的生活。

强大在于在场。喜欢表达自我，首先需要您完全了解自我。因此，很多女性找到我，告诉我她们希望能变得更加自信（第十章对此有更多论述）。但是，如果您表现出来的不是真正的自我，那您就无法练习并拥有更多自信。也许您在以下事例中能看到自己的影子。

特雷西（Tracie），50岁，她说："疫情来袭时，我家里有两个十来岁的孩子，见不到自己的朋友他们很难过。我当时工作压力一直很大，害怕上班，很多时候一到傍晚五点我就等不及把自己灌醉了。我记得，这是我必做的事情，去'轻松一下'。"

"我也会做一些健康的事情。当然，我一直在做的事情，也就是过去一两年做得最多的事情，就是每天下班后盼着那杯酒。'减压、放松、轻松一下。'每个人都这样做，都为此得意。在社会和文化意义上，这都是可以接受的，甚至是被鼓励的事情。"

阿内斯（Anais），28岁，她说："经历了一段极其艰难的恋情后，我完全不敢触碰感情。在此之前，我一直非常敏感，非常情绪化。任何事情都可能让我痛哭流涕，我很容易伤感。"

"但是，我突然觉得自己钻进了一个箱子，为了防止自己再对任何东西动感情。我变得不再认识自己，我很纠结。我登上了一架飞机，但没有哭泣着跟朋友和家人道别。我把自己的心藏了起来。"

"当新恋情出现困难,事情棘手时,我会把感情关闭起来,对任何事情都没有感觉。虽然现在我已经订婚,正跟自己的梦中情人热恋,但当我感到害怕或受伤时,这种'保护'、这堵'墙'就会卷土重来,这一点我控制不了。对此,我一无所知。"

脱离生活意味着放弃自己的尊严。自我超脱就是自我放弃。我知道也许您对此也一清二楚。您的习惯或许出自创伤、损失或恐惧,但您真的需要痊愈。您要醒过来,保持清醒,要明白自己的潜能和真正才华在于您的在场。

我可以向您保证,您要比自己正逃避的事情更为强大。痛苦、伤感、孤独、犹豫,或者任何您想遏制的东西都不会置您于死地。让您慢慢死亡的正是您一贯的超脱,您的精神、力量和人生的麻木。

### 棱角

我们都知道缓解这个词语,对吗?您希望获得轻松,减轻感受到的紧张和压力。我遇到过很多身患焦虑的人,其中也包括我自己,因此我明白您可能感觉自己是生活的受害者而且一直被生活迫害。

缓解可能来自一杯酒、一次高强度的健身、看几个小时的电视节目,或任何能让您分散注意力的事情,我把这样的事情

## 第十一章 / 不要再脱离生活

称为倍感压力时给自己放个小假。有时候这正是您需要的东西。在个人成长领域，我们称之为自我照顾。

但是，如果在您的生活中到处充满这种"棱角"，那会怎样呢？如果您在放松或放小假的时候发现这并不只是自我照顾，那会怎样？如果事情变成了您的应对之道，而您如此善于置身于生活之外以致您都能把它写进自己的领英档案，那又如何？

您也许对显而易见的方法一清二楚，如暴饮暴食、过度锻炼、限制热量摄入、购物、玩手机或埋头工作。很多女性也采用控制、计划、八卦、过分照顾他人或任何能让她们不再痛苦或不安的手段。

我们的文化告诉我们痛苦并不是坏事。我对此并不完全赞同——我是说，痛苦很糟糕。我也不希望与身体的痛苦、精神上的苦恼或抑郁共舞。我们多多少少都会摆脱或麻痹自己。

如果您经常感觉需要"轻松一下"，就要审视一下自己。诚实地面对自己，反思一下：自己的棱角到底是什么？是您超负荷工作但未告诉老板造成的工作压力吗？是您想跳过艰难对话以维系的一段恋情吗？您是否对未来始终担忧不已，而如果没有什么东西能够暂时消除这种忧虑您就无法应对？

在这里我的观点是，"轻松一下"能够"行得通。""行得通"的意思不是有害或脱离自己的生活。不过，对于很多读者来说，"轻松一下"实际上就是将您从当下抽取出来，放弃完全展现自己或闪耀的机会。作为一个集体，我们不能接受这种现象。

当它超越自我照顾，让我们陷入无力处理的棘手问题的深渊时，我们就不能再容忍这样的想法。

### 痛苦 = 力量

痛苦有可能转变为力量，这并不新鲜。女性已经从自己经历中的血、汗和泪中重建了自己的人生。我们都在社交媒体上看到过这些表情包，也读过我们最喜欢的作家的以下名言——"坚强的女人能够用别人扔过来的砖头重建自己的人生"。我们生活中最糟糕的部分，如何才能成为我们最宝贵的教训，并帮助我们获得最多的成长呢？我们知道这一点，但是我们还是想方设法逃避自己的痛苦。

在我的上一本书《如何停止不开心》（*How to Stop Feeling Like Shit*）中，我花了很大篇幅来讨论如何感知自己的感受。因为跟很多女性谈过之后，我注意到她们很多人对于这一点并不清楚。现在，我想提供一个视角，或许能够在您设法摆脱不良感受时对您有所帮助。

不过，首先我们要回到事情的源头：注意您何时会超脱。或许有人会不假思索地说"是啊，我知道我在超脱"，但其他人可能没那么肯定。

所以，请问一下自己以下问题：

- 当您感觉手足无措、犹豫或压力大时，您会怎么做？当

## 第十一章 / 不要再脱离生活

您为工作所累、经济状况不稳定或跟合作伙伴大吵一顿时，您会怎么做？

- 当您的孩子跟您疏远或难以管教，当您深爱的人或宠物死去，当您发现资历不够的人获得了晋升，您会怎么办？
- 当某个病毒在全世界肆虐、当事情让您抓狂时，您怎么办？
- 您会做呼吸练习、给信任的朋友打电话或哭个痛快吗？您会多喝一杯（或一瓶）酒、吃大量碳水化合物或刷几个小时的手机吗？（也许以上行为您都有，或许其中某个尤其明显。）

在生涯顾问领域，我们有个术语，叫保留空间。这一术语有些像老生常谈，但从其核心来说，它是一个美妙的技巧，能够形成一个比喻意义上的别人难以入内的容器。它确保您的肢体语言、回应时机的选择、面部表情以及用语能够告诉对方他们是安全的、您欢迎他们说出真相并不带评判、批评、意见等。这是一个需要时间和练习才能学会、学好的技巧。

但保留空间有一个问题，即如果您无法给自己保留空间，您就很难为他人保留空间。如果您不断地评判自己的感受和经历，那您就是在主动招惹挑战性的感受或艰难时刻。我并不是说，如果您不首先善待和同情自己就不能善待和同情他人。您可以的。然而，在生活中所向披靡，需要您在场并全面接纳自己。为此，您不能割舍身上令人不适或不可接受的部分。

因此，如果您想在这一方面努力，在为自己保留空间方面，您怎样才能做得更好一些呢？您会怎样信任自己的人性、阴暗面（我们都有）并爱惜自己的"伤口"？

或许您应该从相信这是可能的做起。因为，这绝对是可能的。忍受痛苦带来的疼痛和不安，不采取让您日益远离真正的自己的行为，这是可能的。首先您要相信，然后就是要找到对您有用的手段。

### 屈服

2016 年我父亲逝世后，我的悲伤前所未有。有一次，大约在他去世三周后，我独自一人待在厨房里。当时，我丈夫已经回去工作了，而我的孩子们还在学校。我觉得生活应该回归正轨了。

我在收拾洗碗机的时候，突然一阵悲伤来袭，让我痛不欲生。我紧抓着柜台，喊了一声，那更像是一声尖叫或吼叫。我又伤心又愤怒。我愤怒的是，他已经不在了，而我无法接受他从我的生活中缺失了，我还不得不做收拾洗碗机这种生活中再正常不过的事情。这说不通，所以我感到异常愤怒。

我瘫倒在地上的时候，心想，"我现在就想喝瓶酒"。请注意，不是一杯，是一瓶。我还想到："谁都不会知道的。

## 第十一章 / 不要再脱离生活

现在还很早。喝完酒就什么事都没了。"

作为一个多年接受戒酒康复的人，我马上意识到这种想法对我来说很危险。独自一人，情绪激动，希望改变这些感受，而且对于喝酒有想法，在这种情况下人们极易旧病复发。庆幸的是，我给几个朋友打了电话，发了短信，让我的状况得到了缓解。那天我没喝酒。

真相是，一瓶酒本可以让当时那些问题暂时消失。也许我本可以让那种悲伤和愤怒延后几个小时。然而，第二天早上我会带着宿醉醒来，会因为自己做过的事情非常羞愧。我只是把这种悲伤推迟了而已，只是将它换到了另一个可能更容易发作的等待区。

在厨房那天的事之后没多久，我把"屈服"这个词用我自己的书法文在了自己的前臂上。它提醒我，屈服并不完全等于放弃。事实上，情况正好相反。

屈服是允许各种痛苦、不适、恐惧、失望、愤怒、孤独以及更糟糕的情绪进入自我。屈服意味着让这些情绪进来，并通过这样做让自己相信自己并不害怕这些感受。它们是有关我的身体正在处理最近发生的事件或我头脑中正在编造什么样的故事的信息。

屈服就是允许这一进程得以展开，允许而不是推动自己控制或改变什么东西。毫不迟疑地信任我的身体、我的心并了解情况，我天生就是干这个的。屈服是为了爱、幸福、成功、自信、满足和成就。屈服也是为了悲伤、难过、愤怒、绝望、困惑以及任何类似的东西。

屈服意味着接纳所有这些情绪时允许自己自由行事，允许自己真正发挥自己的强大力量。在我练习屈服的几年中，这种力量渗透到了我的创造性、对自己最亲近的人的爱、对所有事物的自信之中。在很多方面，这种力量就像一个家。我由衷地认为，对于所有女性来说这个家就是女性的自然状态。

那天我发出的那声呼啸、吼叫或尖叫，就像我灵魂中一个需要释放的组成部分。它是悲伤之歌，是我们当中很多人都需要吟唱的一首歌。

也许您的问题不是悲伤，而是混合在一起的各种苦痛。也许是您童年、少年或昨天的伤痛，也许是您受伤的心、失望、沮丧或犹豫，也许是您的不安全感。无论是纠缠了您一辈子的苦痛还是您刚刚才有的苦痛，我要告诉您，每一种感受都没错。

亲爱的读者，您的苦痛是您的力量之门。它一直为您敞开着，您只需踏门而入。

## 改变您的观点

我们做生涯顾问时使用的另一个手段是提供其他视角。我们陷入某些视角——我们给自己讲的信以为真的故事。举例来说，也许从您的视角来看，某些感受很棘手，应该避开。愤怒、

## 第十一章 / 不要再脱离生活

悲伤、孤独，还有那些更具挑战性的情绪都会成为我们的障碍。这似乎是绝大部分人的视角。问题不在于您持有这种视角，问题在于这是您唯一的视角。

多年前，我第一次尝试戒酒时，我最好的朋友艾米·史密斯（Amy Smith）给我指出了一个有关感受情绪的不同视角。当时，我正努力熬过一段特别困难的时期，也知道再也不能靠大口灌酒来给自己放松。当时，那种感受让人非常绝望。我脑海中不断地在想："我戒不了酒。这太傻了。一杯酒没什么。"我开始为自己无法逃避自己的情绪感到恐慌。

她在电话中说："要是我们的感受只不过是我们身体的自我照顾方式呢？"

"你到底是什么意思？"我问道。

她是这样解释这一新视角的：我们接受我们的身体会用出汗、打喷嚏、小便、打嗝等其他正常的、有时让人恶心的行为排出已经消化过的、不再需要的东西。它对抗病毒和发烧。事实上，它尽其所能从身体上照顾我们。我们对这些东西毫不怀疑。

她是在向我发起挑战，想让我接受以下视角，即相信自己的身体知道其所作所为。人们的崩溃点在于：

1. 我收到了信息（跟家人不和）。
2. 了解到该信息让我自动感觉到恐惧、悲伤或犹豫。

3. 我身体的回应是哭泣和焦虑。

"夏天进行户外健身时你会竭尽所能避免出汗吗？"她问道。

"显然不会。"我回答道。

她又说道，"如果你用同样的视角来看会怎样？出汗并不令人舒服，但你出汗后会感到舒服。你知道你的身体需要出汗来凉下来。你这么做了，就这样了。如果你用同样的视角来看待你现在的遭遇会怎样呢？"

这个视角可能看似荒谬。您或许会好奇，我们怎么能把健身时的大汗淋漓与因为某次分手号啕大哭或所爱之人不久于人世进行比较呢？我不是说您需要简化或淡化自己的境遇，而是要相信您的身体只是在处理您收到的信息。这个过程一旦完成，您就能恢复如初。不仅是恢复如初——这是对您自己的尊重，而且您还能够带着比您超脱和麻痹自己更大的力量和自信前行。

## 感受并非您的敌人

如果您因为以下想法而情绪低落：

我没空感受自己的感受。

不了解如何感受自己的感受我会更好一些。

我试过了，但我宁愿喝酒或网购。

我甚至都不知道从哪里开始。

## 第十一章 / 不要再脱离生活

说真的,这些都是胡说八道,您的状态恰恰符合您的需求。关于其中原因,我们一点点分开来说。

我的朋友兼同事丽贝卡是一位心理治疗师,也是一位认证领导力顾问。有关感受,她说道:

"感受是信息,但它们并不构成我们的认同。情绪要求我们注意我们生活的某些方面以及我们需要承认和倾听的故事。乍看之下这种努力好像无效,因为这可能是一条风雨如磐之路。但是,长期坚持去了解我们的情绪,以真正理解它们,是极其有效的。我们能够通过麻木、躲避、最小化、否定和理性化,防止我们被自己的情绪所左右。但是,尚未解决的情绪仍存在我们的身体之中,如果我们不重视它们,我们的身体就会大声喊出来。此外,如果我们不重视或不善待我们的情绪,就会失去主导它们的能力而被它们所主导——在肉体上、情绪上、精神上和关系方面被它们所主导。"

如果您现在根本无法靠近您的感受,或者还不相信接受它们以完全拥有您的力量的必要性,我想提一个要求:跟您不喜欢的感受休战。

我们把它看作那个总是让人厌烦的同事。我们就叫她苏珊(Susan)吧。苏珊上班总迟到,在办公桌前张着大嘴大声地吃麦片,一直在说她自己的事情。在假期派对上,她撞到了您,她的香烟烤焦了您的头发。最后一根稻草出现在人事处办公室,你们两个本该一起就一个新项目群策群力,但她一直在玩自拍，你们两个就吵了起来。看起来你们两个无法好好相处。

我绝不会要您跟苏珊交朋友。我绝不会要您假装她做的事情没有发生。不过，要是您能跟她休战呢？亲切而有风度地告诉她您的感受，接受并屈服她可能是最糟糕的同事而且还会赖着不走这一事实。也许您可以尝试给她一些同情，因为显然她的人生中需要一些帮助。我要您做的就是跟苏珊握手言和。

事实是，绝大部分人都会把自己的感受分成两种：好的和坏的。您了解而且喜欢那些好的感受——幸福、圆满、满足等，而其他的感受——愤怒、悲伤、失望等——就被当作坏的感受。

我建议您把感受分成好的或中性的，如果您能做到，就去做吧。不过，如果您能如此划分并使用本章中的其他手段，我希望您暂停并思考一下您的生活会发生怎样的改变。

如果您真的相信痛苦就是力量，您的生活会发生怎样的改变？您会停止逃避并利用所有手段来帮助自己轻松闯关吗？如果您接受悲痛和悲伤只不过是您的身体照顾自身的方式，一旦它们走出您的身体，您不仅能继续自己的生活而且也能获得力量，您的生活会发生怎样的变化？

如果您无法花费很大精力去切断那些令人不安的感受，而是任由它们像某个人汇入人潮一样就此走过，您的生活会发生怎样的变化？您是否知道如果您假装看不到它们、不让它们通过，您将一无所获？

一旦您在艰难甚至有时令人心碎的处境中看到并体验到自

# 第十一章 / 不要再脱离生活

己的韧性,您将收获自信。您将开始了解自己的伴侣以及自己在哪些方面还可以改进。您将开始注意到自己的荒谬之处、设定自己的原则、确定什么可以容忍什么不可以容忍。

如果您能学会不再害怕苦痛和伤口,而且认为您生来就知道如何应对它们,那么它们就是您的力量。在它们身上您能学到最了不起的东西,而且也能实现自己最大的成长。

## 忘却

**注意**。注意您何时麻痹自己、何时超脱。尽量确定您的这些行为何时最为突出及其表现方式。请记住,您要做的是注意而非评判、试图修正或按好坏进行分类。您只需清点自己的行为。接下来,请您诚实面对自己。您准备好应对这一问题了吗?如果没有,为什么?

本章中有没有什么东西让您特别不安?如果有,那是很有用的信息。如果您感到不安或抗拒,那就从这里开始吧。

**保持好奇心**。除了注意,本章还有哪个部分让您不安或关注,为什么?其背后还藏着什么东西?您是否认为某种麻痹自己的方法(如喝酒、工作或锻炼)没用或有害?如果您认为感受是您的敌人,您能跟自己的感受言和吗?如果不能,为什么?

**自我同情**。如果您有一些不够健康的行为,它们让您麻痹自己或者感觉内疚、羞耻或尴尬,请听我说。这些行为在某一段时间内可能对您有用,它们会让您感觉安全并使您获得自己需要的东西。如果感觉不错,您可能会对自己的这些行为心存感激,它们让您认为要感觉安全就要逃避，至少暂时逃避。它们正在做它们需要做的事情。

现在，您应该寻找其他的应对方式、其他的生活方式。为此，您需要以最充满爱意的方式进行自我对话。如果您一直以来都在逃避自己的感受，那就通过感受自己的感受来加以改进吧。善待自己应该成为优先事项。

您可以从小处着手。如果您注意到自己感到自责，就想一下"也许我今天不必那样想"。如果您仍然感到消极，需要重复上述想法，请坚持练习下去。

**保持动力。**人们希望逃避苦痛或我们所说的痛苦，这是很正常的事情。您要知道您这么做并没有错。就在您觉得自己已经做到了的时候——您已经从非常艰难的境地走了出来而且没有通过酗酒、暴饮暴食或购物来逃避，您开始庆祝……但您或许觉得自己又回到了原点。再次遇到难事儿，您发现自己吃光了一大桶冰淇淋或一口气看了 13 个小时的《单身汉》(*The Bachelor*)。

我们有时候会重蹈覆辙。这就是生活。生活不会让您永远所向披靡。我这么说不是为您找台阶下或任由您每天麻痹自己，而是为了让您意识到您正竭尽所能。我在前文中也提醒过您，人们注定会遭遇困境。跌倒了再站起来，您要永远记住感受只是一种信号以及身体的自我照顾方式，您要永远爱自己。

## 第十二章
## 不要再空口抱怨

2017年,在"我也是(受害者)运动"如火如荼的时候,我作了一首叫作"我的辞呈"的口头诗,然后在我的播客上播了出去。这首诗写的是对养育自己的文化说不。这种文化将我们关进一个箱子里,在里面我们接受了要对所有人随和的要求,要做一个"淑女",要文静。在这首诗中,我提到了被年轻男性伤害的三件往事。第一件事是跟自己读高中时遇到的一个男生之间发生的事。我们称他为大卫(David)。

那次约会发生在我们高二快结束时。我们在亲热时,事情的进展比我想得要快,所以我拒绝了。大卫回答说,"我以为这就是你想要的。"那个晚上就此作罢。没人生气也没有仇恨,只是难免有些尴尬。

周一在学校吃午饭的时候,我听见有人在旁边大喊,"坏女人!"大卫和他那些朋友一边大笑,一边冲我指指点点。我们都属于一个朋友圈,大家都在一起玩,因此我一直觉得深受侮辱。我被嘲笑了好几个月,而嘲笑我的基本上都是他的朋友。那是我第一次意识到拒绝男生就会有后果。

写了这首诗一年后,也就是这件事发生 27 年后,我在脸书上收到了大卫发给我的一条私信。当时我甚至已经忘了彼此还算朋友,因为此前我们没有任何联系,我甚至没看过他的状态更新。刚开始时我很恐慌,觉得他肯定已经听过或读过我的诗,而且也知道我说的是他。后来,我又断定这事儿不可能,于是打开了他的信息。这是一条典型的一个您多年没见过面、没说过话的人发给您的脸书信息。他对我取得的成功表示祝贺,承认我们已经几十年没通过话了,然后问我能否帮他一个小忙。事实上,他要问的是我是否愿意给他认识的一个想写书的人提一些建议。

我心里想:"我才不愿意呢!"他让我成为笑料,现在还想让我帮忙?也许他觉得这件事没什么,但这件事塑造了我对男性的看法和对待男性的方式。现在他还想让我迁就他?我坐在那里盯着他的信息看了一会儿,出于不知哪里来的勇气,我回复道:

大卫,你好:

当然,我会跟你的朋友谈谈。如果你愿意,我也想跟你谈谈。

让我没想到的是,他马上就回复我说他那天下午就有空。

我一下子慌了。我到底怎么想的?我为什么会那样说?要是我一下子变回年轻时的自己,跟他谈的时候哭起来怎么办?

## 第十二章 / 不要再空口抱怨

要是他不屑一顾、态度粗鲁或者百般狡辩呢？要是他告诉我的事情不是这样的呢？

之后，我进行了反思。这一切都是我的胡思乱想吗？后来，我跟我的朋友谢尔比（Shelby）发了条短信，因为从高中起我们就是最好的朋友。我把这事儿告诉了她，然后说："你还记得这事儿吗？我记得的都没错吧？事情就是这样的吧？"

她回答道："是的，我记得，你一点儿也没记错。我当时在场，事情就是这样的。"我甚至还去阁楼上翻看了我的高中年鉴，年鉴背面还有大卫的签名——他那充满厌恶女性主义意味的信息让我局促不安。白纸黑字证明这一点绝非我凭空想象。

我反复想说服自己是我有些过度反应了。那不过是高中阶段发生的事儿。人们经历过的很多事情要严重得多，我太敏感，那么想太傻了。但是，不可否认的是，尽管我的大脑想拼凑出是我反应过度的结论，我的身体却不这么认为。我的身体还是感到羞耻、愤怒、被侮辱以及被伤害。我想，不只是我，所有女孩、所有女性都会感同身受。

然而，想到跟他谈话时我满腔的焦虑让我几近崩溃。于是，我给自己两个好友艾米（Amy）和凯特（Kate）打了电话。艾米充满爱意地告诉我："你真的可能会哭，因为这事儿对你来说并不是小事儿。你内心那个16岁的年轻女孩肯定还是会感到愤怒和受伤。无论怎样，你都没有责任照顾他的感受。要是他觉得难受，就让他难受好了。"后来，我想食言。我跟艾米和凯特说，"我们连朋友都不算。那件事后我们再也没约会过，我们近30年没通过电话了，还有我们做脸书好友有好几年了但在此之前我们从没联系过。没事儿，那件事儿就不跟他计较了。"

"很明显，他觉得你还是可以发信息、可以求助的朋友。安德烈娅，这对你很重要，否则，你也不会跟我们提这事儿。"艾米激动地说。

对此，凯特补充道，"听我说，作为女人，我们不能只在自己的圈子里互相吐槽这种行为。这不会带来任何改变。我们必须让那些在我们生活中可能无意做出这种行为的男人过来跟我们谈。他们应该听我们讲讲自己的经历。"

在那一刻，我知道她们两个说得一点儿也没错，其中凯特的话对我触动最大。对我或对所有女性来说，保持沉默、只跟自己的朋友吐槽毫无用处。

您还记得在第四章中我跟您说过的要把生活中的挑战当作邀请吗？在这样一个时刻，我无法接受纯属正常。不，这是老天发给我的一份邀请，就像说，"嘿，姑娘！我们知道你对这件1991年发生的糟心事儿感到不安。你看，虽然你跟这个曾伤害过你的男孩很久没通过话，而现在他突然像巧合一般开始跟你联系。想象一下，现在应该怎么做，你自己说了算。"

那天下午，我可以选择继续跟我的朋友吐槽、继续说服自

## 第十二章 / 不要再空口抱怨

己这事儿没什么大不了（只不过是被同学取笑罢了），或者采取行动跟他通电话，表现出最好的、最勇敢的自我，并告诉他我的故事。不论他怎么回应，至少我知道自己是在针对自己而言非常重要的事情采取行动——不仅针对一起对自己造成伤害的事情发出自己的声音，而且也是为那么多像我一样受到侮辱的女性发声。

那天下午大卫和我通了电话。简单寒暄过后，我尴尬地跟他说了我的经历，他都听进去了。他说具体细节不记得了，但还记得我们那次约会，也相信我讲的故事。他说，"我记得当时在学校我们约会后几个月你都在生我的气，我一直不知道为什么。我知道当时我们两个完了，但我不知道自己做了什么。"我告诉他，我只是希望他知道，这事儿对他来说或许只是一件无伤大雅的"更衣室谈话"，但对我而言，那件事让我相信如果对男生说"不"就要付出代价。

他回答时懊恼不已，欲言又止。他跟我道了歉，也没有怪我或其他人，我确信他把我的话都听进去了。我们通话结束时，我对他提了一个要求。我请他到了合适的年纪跟他的孩子，尤其是他的儿子，说说这事儿。我相信我们犯过的错可以用来教育别人，不论我们犯错时感到多么耻辱或尴尬。在关系到自己后悔的事情时，作为成年人，我们有智慧、经验和见识跟年轻人谈谈以前的事儿以及可以怎样弥补，这些东西很有价值。

我觉得事情进展得非常顺利，这是我希望看到的结果，但完全没料到会如此顺利。不过，我知道，即使他进行辩解或不屑一顾，即使他回复后我非常生气，我也了解了要变得坚韧需要什么手段（有关坚韧的手段见第八章）。如果您打算进行这样的对话，我建议您把目标定义为希望自己以什么样的形式出现。您希望变得勇敢而明智吗？您希望像我的朋友凯特说的那样带着风度和善意跟别人分享您的信息或经历吗？您希望怎样的结果是您的事情，但不要把这一对话的成功建立在这种结果之上。重要的是您要率先采取行动。

就我自己的情况而言，我知道我可以在采取行动之后转身离开，而且对自己出现的方式感到自豪。我更喜欢就人生大事表达看法之后再转身离开，而不是保持沉默或只跟自己圈子里面的女性吐槽。就我们最喜欢吐槽的东西而言，我们要参与问题的解决而不只是空谈问题。只有自己必须挑重担是不是有些不公平？这种情况下，情绪化的往往都是女性（或其他边缘化群体）吗？是的，两者都是。但是，这不意味着有机会发声时我们要退却。

如果对于我刚刚给您讲的故事这样重大而有意义的事情，特别是有机会像我那样做一些事情的时候，我们除了吐槽什么也不做，那就是在放弃自己的权力。事实上，那意味着我们在说，"这个问题让我很受伤，但这就是我们受到的待遇，一直都会这样，我什么也做不了。现在我是受害者，以后还是。"我要跟您说，99%的情况下我们都能做点什么。我们可以利用

## 第十二章 / 不要再空口抱怨

发声、为自己挺身而出、邀请别人对话或者就手头的话题来教育自己和别人。

我希望您能从本章中学到的最重要的东西不是在注意到恒温器的温度被调到了 20℃之后最多抱怨一句自己很冷。当前，至关重要的是，您要停下来思考那些您为之抱怨、阻止您在生活中好好拼搏的事情，还有那些您准备对其采取行动但让您感到恶心的事情、那些您希望别人了解您正在对其采取行动的事情以及那些您不得不鼓起勇气去深入探究的事情。

如前所述，首先，我希望您能意识到自己的抱怨，知道自己拥有的权力比自己认为的要多，而且有办法解决自己抱怨得最多的事情。女士们，前进！

### 让您的抱怨为您所用

大约 10 年前，我在社交媒体上遇到了一个"30 天不抱怨"挑战，信誓旦旦地说"这将改变您的人生"。起初，我翻了翻白眼，然后就拒绝了。怎么有人敢挑战我，让我扔掉像手足一样重要的东西？他们难道不知道我肯定会抱怨吗？他们难道不知道对让我的生活更加困难的不公和白痴行为表示哀叹就是我为此有所行动的方式吗？

我决定不参与这一挑战，但不是因为我希望继续抱怨；我非常清楚抱怨对我们并不是什么好事儿，而且科学也证明了这一点。我拒绝这一挑战是因为我认为这些挑战并没有什么帮助。当然了，它们能帮您看到自己的抱怨有多么频繁。不过，事情通常是以下这个样子：

第一天：您注意到自己经常抱怨。哎，对其他人来说，这肯定很让人厌烦。

第二天：因为自己的抱怨对自己感觉糟糕，跟自己说自己没希望了，永远也改不了，觉得自己唯一擅长的事情就是抱怨。

第三天：继续抱怨。

我不接受这样的挑战，谢谢。

我决定不参加这一挑战的时候还决定让抱怨为我所用。抱怨就像一扇窗，透过它就能看到什么东西对自己重要，也能看到您自己的生活方式是怎样的。当我注意到自己因为什么事而抱怨时，我把它当作一次了解自己想要什么东西的机会。起初事情可能非常明显。如果某个同事不愿意就你们一起做的某个项目回复您的电子邮件，您发现自己对此有所抱怨。显然，您希望对方给您回邮件，这样您就无须每个小时都要跟踪或检查邮件，看对方是否已经回复。

在上例中，您可以跟这位同事进行一场对话。礼貌地问一下，"嘿，我发现总要一两天才能收到你的回复，这好像已经耽误了项目的进展。我们怎么做才能更好一点儿呢？"

往往，当我们因为某人做了某件我们不喜欢或希望有所不

## 第十二章 / 不要再空口抱怨

同的事情而开始抱怨时，要解决这一问题，首先需要跟别人谈一谈。很多人更喜欢继续抱怨，对那个人进行被动攻击以图证明自己的观点，或者宁愿让一个醉醺醺的牙医用生锈的钳子拔牙，也不愿进行一场艰难的、令人不适的对话。在别人读懂了您的心思、让您得偿所愿之前，善意的沟通仍然是解决您的抱怨的钥匙。

当年早些时候，我遇到一个叫琳达（Linda）的客户，她和丈夫拥有一家公司。她是一名经理，但她并不想当这个经理，也不善于做这份工作。她总会遇到自己非常讨厌的人际问题，有些超越了她的底线，如她被职员推倒还被占了便宜。她和丈夫没雇用别人来坐这个位置，因为那不在他们最初的业务规划之内，尽管他们也能雇得起这样一个人。

但是，一个又一个星期，琳达都会跟我打电话，每次都会花上 15 分钟以上跟我抱怨她不得不管的那些人有多么难搞。就这样过了五个星期之后，我跟她说："琳达，听我说，我要跟您说实话。我已经受够了您为这事儿的抱怨，所以我知道您听自己这么抱怨也听烦了。要等到情况多糟糕，您才会跨出一步去雇个人呢？为了省下来的这点儿钱这么痛苦值得吗？您的生活要受到怎样消极的影响您才会下定决心把这份工作交给能胜任的人，而您也能做自己真正擅长的事情呢？"

琳达需要做的是跟丈夫就这一问题进行一场艰难的对话。她等到退无可退、忍无可忍、最终崩溃、弄清自己的底线后，才告诉丈夫自己再也做不下去了。而如果她是外面的一名职员通过申请获得了这份工作而不是被内定了这份工作，可能几个月之前她就已经辞职了。她的底线是，为了她的福祉、他们的婚姻以及商业伙伴关系，他们都需要雇个人。

此前她丈夫并不知道她的精神和情绪状态严重到了如此地步。他知道她并不喜欢做这份工作，但他坚持让她等等看时她忍了下来。她觉得自己唯一的"解决方案"就是跟朋友吐槽，跟我讲一讲。该说的也说了，他们雇了个人接过了这一管理职位，她看到事情立刻不一样了。一两个星期之后，她跟我说："我的压力已经没那么大了。"

### 如果问题没那么容易解决怎么办？

如果琳达和丈夫真的雇不起人而她不得不继续做下去怎么办？那又如何呢？很多时候，做生意都需要牺牲。有时候，我们不得不应对困难的工作、难以相处的人或其他状况。或者，按照前面的例子，即使您已经要求她像个有礼貌的正常人一样回复邮件，但如果您的同事继续拖着不回呢？

在那种情况下，您必须问问自己，为了实现跟您的抱怨有关的目的或结果，您愿意忍受什么。您必须要问自己的问题是：这样做值得吗？因为有时候值得，有时候就不值得了。

如果值得这样做，比如晋升近在咫尺而且您也愿意忍受每个工作日工作 10 个小时以及老板的口臭。如果您愿意进行艰难的对话以索取自己想要的或应得的东西，您这样做就是正在靠近接受。

如果您清楚自己正要接受的东西（在这种情况下，就是用牺牲、努力工作以及善意地递上薄荷糖以换取晋升），接受可能特别有用。接受不是放弃您的权力，而是知道您要去往哪里，知道为此您需要做些什么，还知道您无法随时随地绝对控制一切。我愿意接受转身离开而不跟大卫对话吗？琳达愿意接受因为没有雇人帮忙而要遭受的精神和情绪崩溃吗？我们对这两个问题的回答都是不愿意。不过，每种情况都是独特的，都有细微区别。我希望您弄清楚哪些事情是您能改变的和不能改变的，哪些事情是您愿意改变的和不愿意改变的，并在选择方面跟自己握手言和。

### 尽情抱怨吧

我不希望您读完本章后会想：如果自己觉得超市连锁店的停车位太小，自己有责任大闹一场并申请加宽停车位。我希望的是，如果您真的在"发泄"或进行有意识的抱怨，请放自己一马。

我亲爱的朋友艾米经常跟我发语音信息。如果我们有很多事情要吐槽，发信息时我们会先说，"我跟你说说那些让我抓狂的事儿……"然后再像机关枪一样一件件说起来。人们抱怨的事情有些是很小的事儿，比如，"网络越来越差，我连照片墙都上不去。"这时候，我们只是互相吐槽，跟那些正常的日常牢骚没什么两样。

人们抱怨的事情当中也有大事儿，在这种情况下，我们可能不清楚怎么通过采取行动来对自己的抱怨负责。艾米和我都认为，发现彼此有这种行为时我们要大声说出来。努力在我们的生活中发声，在更高层面上彼此容纳，鼓励彼此针对抱怨最多的事情采取行动（或停止抱怨）。这样，我们就会成为自己希望的那种女性。

我对客户琳达说，我受够了她对自己遭遇的抱怨，而且我也确信她也受够了自己的抱怨，您还记得吗？我那么说是有风险的，但人们雇我、给我打电话不是为了可以不停地抱怨。在这方面，我希望您信任的朋友也是这样。或许您有一个朋友，你们说好如果对方听到您因为同样的事情一个星期又一个星期地抱怨，请她充满爱意地给您指出来。因为，正像人们雇我不是为了让我听她们一个星期接一个星期地抱怨一样，您也不希望自己像怨妇一般不停哀叹，还幻想事情会有所改变。不会的，女士！您来到这个世界，注定要遇到一些您不喜欢、需要您设法改变并采取适当行动的难事儿。大的改变可能发生也可能不会发生，重要的是要为自己的愿望负责、索取自己希望得到的东西，并明白什么东西对自己最重要。

## 第十二章 / 不要再空口抱怨

> 忘却

**注意**。首先要意识到自己的抱怨问题。当然,您会意识到自己通常会抱怨说:"我很累;这表演太无聊了;我大腿都发炎了。"不过,您现在真的需要意识到某些更大的抱怨:"我跟伴侣说我们的信用卡欠债太多的时候他不想听;我受够了有关我决定不生孩子的生育笑话;今天我老板在电话会议上说了些极具性别歧视性的话但谁都没说什么。"这些抱怨出于您的价值观,这些事情不仅让人烦,而且还让人愤怒和受伤。

注意您的选择——您不能针对这些抱怨说些什么或做些什么,您不可能做出任何改变。这需要您付出什么代价呢?这两种选择都很困难,一种是说些让人觉得不舒服的话甚至不能按您想的方式讲出来,另一种则是什么都不说、什么都不做。但是,哪一种更符合您的期待呢?

**保持好奇心**。我最希望您保持好奇心的是对您不采取或不愿采取行动的抱怨。为什么?有什么风险?采取行动可能引起的最坏情况比完全不采取行动更糟糕吗?这与做出一个有关做什么的具体决定无关,而是为了权衡您的选择和利害关系,无论是从字面上还是根据什么对您来说是重要的。

我还希望您放弃有关针对自己的抱怨采取行动非好即坏的想法。为了进行练习,我希望您把注意力放在其中的原因上。

此外,反思一下:您从抱怨中能获得什么?您得到其他人的认可了吗?或者,您觉得自己的愤怒理直气壮吗?您觉得您的抱怨帮您做成什么事儿了吗?如果上述几条有任何一条行得通,您都能更好地理解自己。

**自我同情**。随着您深入思考自己最大的抱怨，或许就会逐渐意识到事实上您并未针对这些（或任何一个）抱怨采取行动。您要当心头脑当中那个告诉您这么做不对的刻薄声音。

请记住，我们的文化并不鼓励我们就烦扰我们的事情或我们希望加以改变的事情发声。读完本章，回答这些问题，考虑一下您希望就什么事儿发声，这是您采取行动的第一步。这将使您感到骄傲！

**保持动力**。别的姑且不论，如果您每次抱怨时能问一下自己："我打算就此做些什么吗？"

您可以逆来顺受或主动专注于解决方案。我希望您能开始思考您有多少权力。

这或许也是一个可以跟朋友探讨的好话题。量力而行——如果每次有人抱怨燃脂动感单车课被取消或者无线网络速度太慢时，您就不停地说，"女士们，我们要把心思放在解决方案上，而不要放在抱怨上"，您那些朋友可能会把一杯水泼到您脸上。

正如您把自己的情绪当作信息一样，也可以把您的抱怨当作信息。您嘴里说出来的委屈都能告诉您一些事情，尤其是重要的事情。

## 第十三章
## 不要再不敬父母

如果您坐下来跟一位新的治疗师谈自己的人生经历，他们可能会先笑一笑，把指尖并拢，然后跟您说，"跟我说说你的父母吧"。

我们的成长方式塑造了今天的我们。您的童年很重要。从您理财的方式到您的价值观再到您如何看待和回应恋情——您行事和思维的方式——都会受到您主要看护者的塑造。人们的自助走廊上摆满了有关如何治愈您的内在小孩、母亲创伤以及跟父亲的问题有关的书籍。

塑造我们的并非只有我们的父母。塑造您的也许是您曾经的一位导师、一位兄弟姐妹、二十几岁时的一位亲密伴侣或任何曾影响到您的人。我们绝大部分人都有一位在自己生活中扮演重要角色的人。可能某人至少曾经在某个方面对我们带来了消极的影响，而我们往往指责这类影响造成了我们如今的境况。

我朋友劳拉（Laura）的父母在劳拉还在学步时就离婚了，当时劳拉的哥哥正上高中。她父亲在她的生活中时隐时现，直到有一天完全消失。劳拉还很小的时候，她就入伍了，她记得哥哥几乎没来看过她。在劳拉童年期间,她妈妈差不多交了五六个男朋友,其中几个跟劳拉走得比较近,但最终她不得不眼看着他们走出了家门。(您知道这代表什么,对吧?)

跟我成为朋友时劳拉已经结婚了,当时她大概三十八九岁。她跟我说,"每一个我爱过、信任过的男人都离开了我。大部分时候,我都是等着丈夫离开,尽管没有任何证据表明他要离开。"她说他们会打个天翻地覆,她指责他在脸书上跟别人调情,她给他起绰号,基本上她会把自己所有的痛苦都归罪于丈夫。她知道自己的做法没什么帮助。我问她做了什么进行弥补时,她说,"我就是这样的。我忍不住,我从小看到的就是这样,男人一个个离开。"

劳拉的伤心往事一点儿都不稀奇。我们大部分人都有个有关我们以前的看护者的痛苦故事,但我们各自的情况可能有所不同。也许某个人或者某件事,而非您的父母,造成了现在的您。有时候,只是您尚未把这些点点滴滴串连起来。

越了解这一点,越了解对于自己的思维方式或行为要指责什么或指责谁,您就越能够为自己的生活承担责任或掌控自己的生活,您的力量就源于此。

### 尴尬的事

在本书中,我一直让您看看自己的原生家庭和自己的过往,

# 第十三章 / 不要再不敬父母

从而有可能看到为您设定好的一切、您收到的信息以及我们的文化对您的塑造。如此，您就能够发现问题的根源，从而理解您为何以某种方式思维、反应或行事，质疑您收到的信息，并形成新的观念和行为。

越来越多的人设法了解自己的感受，阅读有关个人成长的书籍，在网上关注精神健康专家，这很棒。有时候，这种新认识会有一种副作用，那就是把它当作不对自己的缺点和生活负责的借口，逃避或为不健康行为编造借口。审视您的原生家庭或父母的缺点不是为了指责他们，而是一种解脱的方法。

我要说的是，他们或许也做过极其糟糕的事情，或许他们还在做这样的事情。而且，如果您有这样的经历，那么现在我们的生活就到了一个特殊时刻，此时我们要接受以下观点，即虽然在所受教养方面或许您的运气不太理想，但是成年后还是应该为了今后的生活承担起相应的责任。相比怨天尤人，您还有更重要、更好的选择。

## 我们指责他人的原因

如同您最喜欢的甜食一样，指责或许同样完美无缺。我们这么做的原因有很多，正如我在本书中多次提到的，第一个原因就是我们是人。说真的，指责就像一天睡 15 个小时的懒觉一样自然。

229

但是，跟睡懒觉对她们有益、是她们自身的一部分以及让她们如此可爱不同的是，人们的指责情形不太一样。

首先，指责可能就像一场轰轰烈烈的风流韵事。它让我们可以松一口气，把所有的责任都推给别人，让自己成为高贵的受害者。他们怎么敢伤害我们！他们不知道自己的所作所为吗？这令人恐怖。

通过逃避自己的缺陷、错误以及不愿面对的难题，我们会对力量产生一种错觉。一种掌控一切的感觉，认为我们无须改变，甚至一点儿也不脆弱。

22岁时，我找到了第一份适合成熟女性的工作，到一家拥有42家零售店的公司担任采购助理。公司的副总裁摩根（Morgan，公司老板的妻子）是一个令人敬畏的女人。我对她又敬又怕，觉得她是我想成为的那种女老板，又害怕她随时只要朝我扬扬眉头就会让我燃烧起来。

有一天，她把我叫到了她那个巨大的办公室，然后开始就我犯的一个错误数落我。她从抽屉里面拿出来一个计算器，开始算我让公司损失了多少钱，结果算出来一万美元。如今回想起来，这一计算太夸张了。即便算得没错，对他们来说也不过是九牛一毛。但是，考虑到那时候我一年也只能赚两万七千美元，而这一错误几乎要花掉我年薪的三分之一，因此我觉得那是一个大错误。摩根算完后两眼瞪着我，等我的回答。对于浪费了她的金钱、时间，还有她脸上明显写着的，也浪费了她的

## 第十三章 / 不要再不敬父母

生命，我能有什么要说的呢？

当时我羞愧万分。那是我第一份真正的工作，而且当时我最想做的就是往上爬，希望有一天能像她一样。我让所有人失望了。当时的事实是，我搞砸了分配给我的任务，而被分配到这个任务时我并不知道该怎么办。我的老板很草率地把这个任务交给了我，当我请她多给些指导时，她说，"自己去弄明白，即兴发挥就行了"。

我就那么做了。不过，很显然，我的即兴发挥不怎么样。

现实是，之前我没受过培训。我不知道这一任务该怎么做，也曾经要求老板再给些指导，但没人帮我。如果摩根希望我不浪费公司的一万美元，她训斥我的时候原本可以问问这事儿是否可以避免。但是，被指责的时候，我羞愧难当，完全无法为自己辩解。回想起来，那正是她想要的——让我毫无防备、接受指责。

也许指责别人会让人们觉得自己强大，毫无疑问，当时摩根就是这种感觉。我是错的，她是对的，全是我的错，她是受害者。很明显，我完全被自己的感受左右，而她掌控了一切。我们两个，一个赢家，一个输家。

很多人利用指责让自己登上受害者的王座，有时候指责也会给人一种高高在上的感觉，这一点在我的例子中可见一斑。我们都会跟别人进行比较，有时候指责可能是我们自我定位的一种方式。换句话说，我们都希望以某种方式凌驾于他人之上，而指责别人可能就是那条捷径。

我们喜欢指责他人,还有一个原因,那就是承担责任容易让我们受到攻击。一般来说,我们都会觉得这是个烫手的山芋。有一次,我参加一个派对的时候喝醉了(我那些最尴尬的故事大多开头都是这一句),开始指责当时在场的一个朋友。我知道,她不仅在场,而且也在听我说什么。我说个不停,不停地戏弄她。从她的表情来看,她很受伤,我应该及时闭嘴,但我没那么做。事后,我觉得很尴尬,我知道我应该道歉,但我没有道歉,相反,我把这事儿归咎于我当时喝多了。我埋怨酒,埋怨酒太"烈"、太"有劲儿"了。事实上,当时我真的很浑,应该跟她道歉。但是,当时,让我道歉,让我过去告诉她我错了、真的很抱歉,我真的受不了。那么做,我会因为伤害了她而感到羞愧,会让我尊严扫地,而且也有可能她不把我的道歉当回事儿。我放弃了道歉,继续把这事儿归罪于喝多了。

涉及放弃指责自己的父母、忽视父母的行为和为人父母之道、审视我们自己的伤痛这种更深层次的问题,人们可能会感到特别痛苦。相比绞尽脑汁考虑如何处理被人像随身行李一样拖来拖去所造成的痛楚,对爸爸和妈妈指指点点不用费什么脑筋,要容易得多。

指责他人还能释放积压已久的压力。我们都很喜欢隐藏自己的感受并希望它们自行消失,对吗?如果我们能够无视它们,它们就会窒息直至消失。可是,事实上,它们并不会就此消失

（相信我，因为我已经试过了）。

因此，当遇到让我们讨厌的事情，对别人疯狂指责可能就是治愈我们种种不适的良药。

最后，我们很难接受别人不符合我们的期望。当涉及父母、兄弟姐妹、伴侣时，情况尤其如此。人们更容易期待他们能够做出改变。我们指责他们让我们的生活（有时候还有他们的生活）搞得很惨，有时候我们几乎遇到什么事儿都会指责他们，因为他们不符合我们的标准和期待。因此，我们一直觉得失望和伤心。

我希望您能把指责他人的原因一点一滴地串连起来，并记住常人都会指责别人。现在，我们进入正题，开始进行重构吧。

## 手段

### 谅解

我们先来谈谈个人发展之母——谅解。事实上，谅解可能很复杂，可能隐藏在大量的愤怒、创伤或非常糟糕的状况之中。谅解是一个过程，对有些人来说，谅解可能需要几年的时间。而对很多人来说，这是一个需要重新审视的过程，有时我们认为我们已经谅解了。

在您开始谅解这一过程前，反思一下，您是否真的想要谅解？谅解是一项深层次的个人担当，是一件无法强求的事情。

您或许还需要进一步处理自己的情绪，还要继续忍受自己的愤怒或悲伤，或许您不清楚应该先做什么，但您知道自己还没谅解对方。这没关系。您还是可以跟专业人士一起处理您的创伤问题，您仍然可以继续自己的生活。谅解是远离指责、实现您的赋权的一种方式，但并非唯一方式。

如果您已经准备就绪，您要知道您已经是个成年人，也许您的父母或前任的所作所为的确非常恶劣，但现在您应该掌控自己的生活并前行了。我要提醒您，您值得与一直以来占据您太多内心空间的伤害实现和解。我完全理解，您身上一直背着这种伤痛，就像一个小孩子走到哪里都带着他那个破烂的泰迪熊玩具一样。但是，我可以向您保证：不谅解他人、不走上这条可能通往自由的道路，您会感到压抑，而且这很可能会妨碍您过上最了不起、最充满力量的生活。

让您谅解以前遇到的一些人，可能就像让您去挖掘埋了很久的尸体一样。问题在于，我们把他们放在一边，内心希望：我们离他们越远，他们也会离我们越远，尽管您一路上可能对此耿耿于怀。不幸的是，"被埋藏的感受、憎恨或愤怒"不会为您带来奖励，因此，我们最好还是挖掘出这些被隐藏起来的执念并面对它们。

谅解他人通常会遇到一个障碍，即人们认为：谅解别人就是宽恕别人的行为、放任别人、张开双臂任由别人再次伤害自己。这不是真的。谅解可能是谅解别人，也可能是谅解自己。

对方不需要道歉、表示悔恨，他们甚至都不需要知道您正在谅解他们。谅解是为了治愈自我，是为了让您成为更好的自我。重要的是您，以及您对此事的内心感受。

谅解还有可能是为了设定底线。如果有人曾伤害您并继续伤害您，但从未采取任何改正措施，如果让对方停手几无可能，那怎么办呢？您无须与他们为伍。如果对方是您的父母、兄弟姐妹或您已经成年的孩子，要跟他们划清界限可能是最让人心痛的事情，而且需要您拥有大量的自我同情以及相关的支持体系。

那么，您怎么知道自己已经谅解了别人呢？有一些信号能够表明您已经取得了进展，正在谅解他人甚至已经谅解了他人。

1. **您可以跟别人聊发生过的事儿但不加指责**。换句话说，您在谈这事儿时仅仅把它当作一件过去的事儿，这事儿可能让您有点伤心，但不会要您的命。谈这事儿不会让您心理上过不去或者说"那些混蛋就算死了、烂了，我也不在乎"。

2. **您能为自己已经谅解的那个人祝福**。您不盼望他们倒霉，不对他们实施报复，甚至您能做到真正为那个人祝福。

3. **您能够认可因此学到的教训**。它不一定是重大的精神历练或生活教训，可能只是一个小小的教训，如"这件事教会了我一些东西，它让我看到了什么是我无法容忍的东西"。或者，您学会了相信自己的内心智慧。

## 义务又如何呢?

在我帮女性设定界限时,尤其是家庭方面,被反复提到的话题就是义务。她们说,"我没法跟我弟弟说话,可他是我弟弟"或者"我妈妈希望我每周日都能给她打电话。如果我不打,她就会觉得我是个糟糕的女儿"。她们所接受的说法是,虽然那些人从来不把她们当回事儿,但她们亏欠他们却很多。好像不知道哪里有块碑,上面刻着"好女儿应做如下事宜",如果有任何一项做不到,您就注定会被投入烈焰腾腾的地狱。我知道有时候情况也没那么糟,但您跟另一个人住在同一个屋檐下并不意味着您欠他们什么。如果您已经尽了全力,表现出了自己最好的一面,恪守了自己的价值观,但跟这个人在一起还是受不了,那么划清界限就是可取的解放自我之道。

或许,此时您需要花些时间考虑一下谅解是否对您有影响以及有何影响。为写这本书做研究时,一个朋友告诉我她最近注意到,别人说她"自私"往往是因为她没按他们希望的方式行事。从小到大她父亲一直那么要求她,而且她的前夫和现在的伴侣也对她提出过这种要求。她注意到一个模式,即如果她不按男性的要求去做(以他们为先而把她自己的要求和愿望放在一边),他们就会觉得她自私。在现实中,她总是以自己为先。

我必须实话实说,对您而言这件事的难度可能非常大。我或者任何其他人给您再多鼓励,也没法让这件事不那么令人不

第十三章 / 不要再不敬父母

适或痛苦。我能做的就是继续提醒您，您是一位成年人，有能力做出最符合您的情绪和精神的决定。只因为给持续伤害您的人划清界限，绝不会让您成为一个坏人。它会让您成为一个健康的、掌控自己生活的人。它会让您成为一个因为爱自己而划下底线的人。您会告诉对方，"这件事后，我还是可以爱你的。不过，我最好还是划清自己的底线。"

### 您是掌控者

我想告诉您一些事情，它们可能看似一目了然，不过还是请您听我说完。您不可能指望您的成年伴侣、朋友、救援犬或任何人能够治愈您童年或年轻时的创伤。您或许会想"我那时候究竟为什么会那样做呢？"，然后还忘不了翻翻白眼。不过，请听我说，这种事儿我们可没少做。我们都因为"甜心先生"（Jerry Maguire）那句浪漫的"你成就了我"而神魂颠倒。在无意识中，我们会对朋友或父母产生他们本就无法达成的期待，而一旦他们做不到我们就对他们大加指责。

我们都渴望英雄在世。很多人都希望被拯救，尽管我们从不承认这一点。

补救的方法就是好好看看您什么时候会找人填补您的空白。其中，有些空白很深，比如，巧合的是，我们很多人最终选的伴侣都可能有些像我们的父母。还有，我们可能会抓着那

237

些对我们没有益处的友情不放。我们会出卖自己的灵魂，被我们创造成就感的天生渴望蒙蔽双眼，但事实是能创造这种成就感的只有我们自己，没有别人。

当然，认可、爱、消除孤独都很重要。我并没说它们不重要。不过，有时候我们需要留意是否跨越了界限，从健康的爱和成就感进入了要抓住救命稻草的黑洞。我们这么做的时候，就把所有的权力都给了对方，一点儿都没留给自己。我们绝大部分人学到这个教训，都会付出惨痛的代价。说实在的，我不知道那是不是最佳方式。有时候，亲眼看看并亲身体验这种经历的强大，您会大开眼界，并开始真正的治愈。

### 看清自己的角色

另外一个放弃指责、主张自己权力的方法就是找到自己在相关事件中的角色。我把这称为指责界限——注意什么是您的以及什么是他们的。这可能非常棘手，因为我不希望您承担一切，把所有的指责揽在自己身上。也许这有助于您承认自己一直没忘却这一伤害，因为您拒绝原谅对方。或者，您一直抱有某些期待，而一次又一次对方都无法满足这些期待。

尽管我认为您很棒，但事实是这个世界从不围绕着某个人而转动。从逻辑上来说，您清楚这一点，而且您拥有理解这一点的自我意识。但是，很多时候，我们都会抓着指责不放，我

## 第十三章 / 不要再不敬父母

们觉得被冤枉了，而错误完全在对方。此时，我们的自以为是成为派对的主人，一边递上酒水，一边同所有的客人打招呼。我们紧抓指责不放而不管自己在其中的角色，就是假设整个世界真的围绕我们而转动。

我们拿您的前任来举个例子。您是一位单亲父亲（或母亲），因为在您恋爱时您的伴侣决定做一个彻头彻尾的混蛋，你们没法待在一起。可是，作为一名单亲父亲（或母亲），您的生活更加困难，您发现自己有点儿憎恨那些有孩子、有伴侣的朋友，而且您心里会想，"如果我们在一起时他有一次表现得像个成年人，我的生活也许会轻松得多"。您感觉自己就是那个受害者，觉得自己万分可怜，一切都是您前任的错。

此时，您要问自己的问题是，这一状况对您在生活其他领域的表现有何影响？例如，有时候您是否因为朋友有伴侣而对她们进行消极攻击，别人针对自己的生活进行发泄时您是否会翻白眼，或者您是否会无缘无故地对前任犯浑（而不是一切都是对方的错）？如果是的话，您正任由这一状况、憎恨或指责掌控一切。

事实上，您或许真的处于困境。可能有人对您特别糟糕。尽管如此，如何应对始终取决于您自己。

我想跟您说：您要知道也要相信您的力量来源于此。关于这一点，我会不断加以强调。作为一个成年人，您为您自己受到的伤害承担责任。这并不意味着对方或其他人不是混蛋，也不意味着所有的痛苦都消失殆尽了。这意味着您决定了让谁负责。这意味着您决定了接下来做什么。这意味着您理解并在乎扩展自己的生活和个人力量。不要让其他任何人为此负责。无论您身处何方，无论您经历过什么，请您不要怀疑：您应该获得治愈，应该被接受并获得自爱。

### 忘却

**注意**。弄清楚您在指责些什么。即便您已经明白指责只是一个手段，遇到大事时您不一定会使用它，但会在遇到某些小事时使用它，例如指责伴侣忘了提醒自己，而此时您本来也可以承担责任。这是一个很难以捉摸的平衡，但我希望您能加以注意。

或许，您指责自己的父母，深陷其中或拒绝改变，因为您相信自己受到了某种形式的塑造。

底线——注意您何时将指责作为逃避责任的手段，尤其是涉及要为自己的缺点或需要治愈的伤害负责的时候。

**保持好奇心**。您何时会指责他人，更重要的是，您为何会这么做？您为何将指责当作"盔甲"，觉得指责能让您保持安全，如逃避责任或试图"控制"某个状况？

您觉得还有什么人需要加以谅解吗？如果有，您准备好了吗？

您会过度自责吗？如果会，这样做有利于您理解犯了错之后那种健康的负责与非必要的担责之间的区别吗？您是否试图通过您的恋情治愈什么（这一点您或许需要好好回顾一番）？如果是，您需要做什么加以改变？为了更好地认清您的角色而不过度自责，您在哪些方面还能做得更好一些？

**自我同情。**与指责实现和解可能是一件非常复杂的任务，因为为自己的行为和行动负责与同时善待自己之间形成了一种非常微妙的平衡。这两者可以并存，但您需要非常清楚自己的进程和该进程中的想法。

在您努力对自己骄傲不起来的事情承担责任时，请记住您当时已经尽了自己最大的努力。即便您早知道不该那样行事但还是那样做了，您的行为仍然采取了某种您无法为之骄傲、往往带有某种无意识模式的方式，这背后肯定有其原因。在您设法走完这段崎岖的道路的过程中，请善待自己。

**保持动力。**我想再次重申本章前文所述：您比指责更好、更了不起。或许多年来您都有意识或无意识地将其作为一种防御机制，也许直到目前为止这一机制仍在发挥作用……当然，有时候错在其他人或其他事而不是您，但总有些时候您需要看看自己是否有错。这是您在任何关系中能做得最成熟、最健康的事情之一，而这些关系是否健康与您的幸福和成就感直接相关。这就是您比指责更好、更强大的原因。

## 第十四章
## 不要再顾影自怜

让感受滚开。

感受是脆弱的东西,它们不会让您占上风,当然也不能解决任何问题,而且还浪费时间。

至少社会上很多人都对此信以为真。

很多女性都面对一个巨大的障碍,即她们无法说出她们的真实感受。她们无法清晰地说出自己并不幸福,不知道生活会是这个样子,因为伴侣或家人事事都把自己放在最后而沮丧,在工作中一直在迎合他人,努力让所有人舒服和开心,以致失去了自己的空间。

我的朋友萨沙·海因茨博士把这一点称为女性在自己生活中"对人类精神的抑制"。它不是一种临床意义上的抑郁症(虽然这种抑郁症的确存在),而是一种一般意义上的生活中的不适。这是一种愤世嫉俗的观点。为了得到缓解,女性开始八卦、酗酒、疯狂工作、追求完美、无休无止地干涉孩子的生活、漫无目的地刷手机或者用表情包描述自己生活的艰辛并在社交媒体上晒出来,因为这让她们感觉自己跟别人还有些相通之处。

## 第十四章 / 不要再顾影自怜

但是，她们实际需要的是真正的归属感，发现并实现自己的愿望和梦想。正相反，现实是，人们在一事无成地苦熬日子；帮别人实现的梦想，而自己却从不求人帮忙；花大把时间给别人买东买西或一刻不停地从手机上查工作邮件。

在个人成长对话中，人们常常提到求人帮忙。因此，我先给您举几个例子，看看人们需要别人支持会是个什么样子。相关问题可能很小，也可能很大。

- 您遭遇了健康危机，需要找医生做进一步检查，如活检或再验血等。
- 您自己或伴侣失业了。
- 您的孩子被诊断为精神健康出了问题，或者他们在学校、家里行为不当等。
- 您的父母身患疾病，您不确定对他们的长期看护会怎样，或者您自己也已经接近高龄。
- 您出现了焦虑或抑郁，每天都很难熬。
- 您正在认真考虑分手或正在办理离婚手续。
- 您在工作中不受人待见但又不知道怎么办。

您可以看得出来，这些状况与您需要找个人发泄一番不同。您也许已经找到了那位朋友，但这个朋友最多也只是对您有这样懒惰的同事表示一下同情。

## 我们为何把事情都闷在心里

每次我遇到一个难以开口求人帮忙的女性,问她是否觉得她的朋友也不应该在需要帮助时求助于她的时候,她马上会回答说"不"。毋庸置疑,她希望自己的朋友寻求她的支持。那么,为什么她(甚至是您)认为反过来就不行呢?这些往往就是我们考虑求助于人时的第一想法。

答案有很多。首先,有一些文化和社会迷思会妨碍我们,希望我们保持安静。这些迷思包括:

1. **如果我们跟别人讲自己的问题或求助于人,我们就变成了负担。**绝大部分女性都不希望别人觉得自己"需要照顾"。这里我用了引号,因为在现实中,每个人都需要照顾。如果我们的需求得不到满足,我们就无法生活,就这么简单。在两性关系中,满足需求必须是互相的,否则未被满足的那个人就会不高兴。然而,从文化意义上来说,很多女性都非常害怕被人觉得"需要照顾"(换句话说,属于那种需要被关注、渴望爱的女性),以致一想到此就会退避三舍,根本不想求助于人。

2. **我们的问题比别人更糟糕,因此会感觉羞耻。**当我们深陷于自己的痛苦或问题中时,我们往往会对自己的困难划分等级。我们的心魔会躁动起来,跟我们说我们的故事太令人尴尬、太丢人,别人都不会这么差劲。

3. **我们的问题没别人的问题那么糟糕。**反过来说,有时候我们会反其道而行之，认为自己的问题不太值得花时间关注。在我们看来，别人的问题就像一座山，而我们的问题就像一座鼹鼠丘。

**4. 我们会看起来软弱、愚蠢、无能、像个混蛋等**。跟别人说自己的问题是脆弱的表现，求助于人也是。如前所述，当觉得有人认为我们不完美时，我们就会感到羞耻。

**5. 我们会被评判或遭到无视**。由于我们大部分人的生活中都曾遇到过这一问题，很多时候，由于这一问题的持续影响，我们会自发地假设自己会被评判（"天啊，你怎么能让那样的事情发生"）或遭到无视（"哦，你绝对夸大其词了，事情不可能那么糟糕"）。我们都知道那种感受，绝不希望冒重蹈覆辙的风险。

**6. 独立或奋力通过任何挑战才更了不起**。我们生活在将过度独立理想化的文化之中。嘿，我愿意和您一起跟唱凯莉·克莱森（Kelly Clarkson）的"独立小姐"，但相信这一迷思的人往往不愿意相信我们都需要他人。

**7. 我们不信任女性或觉得需要跟她们竞争**。消除这种观念很不容易。您对女性的不信任可能源于真实的受到伤害的经历，而且您可能具有竞争型人格（并不是说这种人格不健康）。但是，我希望您能思考一下那些行为有多少是您已经内化的厌女症。在长大成人的过程中，我们大部分人都听说过而且也相信有关女性的某些男性至上主义成见——女性不值得信任、女性太情绪化、女性只会背后中伤别人等。

**8. 我们可能受过母亲伤害或者曾被女性伤害。** 正如内化的厌女症和男性至上主义一样，将其消除非常不容易。母系之伤比比皆是（父系之伤同样如此）。在您的成长过程中，您的母亲是怎样的形象？如今您与母亲的关系如何？此外，别人可能确实让您失望过、受伤过，您也可能真的被以前的朋友背叛过。这种伤害可能就是您远离女性朋友的原因。

现在，请听我说。您求助于人的时候，我不会假装这些事情都不会发生或者这样的事情都不重要。当您求助于人的时候，如果听您吐露心声的那个人自身正经历一堆难题，他可能会感觉又背上了一副重担。也许，当您跟某人讲述自己的年度工作评价多么不够亮眼时，对方跟您说自己刚刚下岗。毫不奇怪，这样的事情是会发生的，但也并非总会如此。无法控制对方听过此事后对您的反应，并不意味着您应该拉起吊桥，将所有人都永远隔在外面。

我还想说一下另外几个您可能一直深陷抗拒的原因。这些特别的防御行为可能更多地隐藏在您的潜意识中，因而难以发现。

**您或许患有慢性抑郁症。** 如果您患有抑郁症，此时听说自己问题的解决方法是求助于人，这种解决方案可能让人觉得毫无用处，原因有二。其一，由于抑郁，您觉得没人想听您的问题。我在前文对此有所提及，不过，如果您正感到抑郁，可能会出

## 第十四章 / 不要再顾影自怜

现此前提到过的恐惧。此外，很多时候没人能够指出这其实就是您的"问题"所在。也许您有一份不错的工作、身体健康、经济状况稳定，但您还是感到伤心和孤独。您觉得求助于人或告诉别人您无缘无故觉得伤心毫无用处。其二，如果您求助于人而且有人提出了很好的建议，您可能会觉得按他们的建议采取行动是一项非常艰巨的任务。我明白，有时候查收电子邮件或围着街区散步可能会让人觉得筋疲力尽。

**您并非真想改变。**我很清楚您正在读一本我写的有关自助的书，当然我来这里不是为了冒犯您，但关于这一点我们需要聊一聊。我见过很多沉迷于自助、考虑改变自己生活但事实上什么都不做的女性。如果您觉得自己可能就是这样，如果您读了很多有关自助的东西或听了很多励志的播客，但从不真正着手处理生活中需要改变的重要方面，当前您或许更喜欢待在自己的痛苦、不适或困境之中。这种状况很常见，因此，您不必为此而苛责自己。有时候，了解自己的处境、何时准备好采取行动或改变，并为此感到心平气和，这样可能更好。不过，也许正是您的心魔让您深陷困境，使您无法采取任何行动。

**一旦您告诉别人，事情就会变得过于真实。**我曾经有个朋友在脸书上发私信问过有关我儿子以及几年前我们带他做特殊需求测试的情况。我给了她一些信息并给她留了我的电话号码，她说她会给我打电话。她还跟我说，跟她很亲近的一位家人不同意给他们的儿子做测试，结果这事儿引发了很多争执。我告诉她在这方面我也可以帮一帮她。

她从未给我打电话。几天后，我在我们的社群网络里碰到了她。那天她觉得很尴尬，跟我说很抱歉没给我打电话，很乐意跟我聊聊。我说，"当然可以。我就坐在那边，可以找个安静的地方聊聊。"但她没过来跟我谈，也没打过电话。我知道还会再次遇到她，到时候我会好好地提醒她：如果她准备好了就来找我谈，而且我不会再提这事儿。

直觉告诉我，她本来想跟我谈，但她害怕了。她知道，一旦她过来谈，一旦我告诉她有什么选择以及我的建议，一旦我确认了她的恐惧，她就再也不能停留在自己的否认之中，而且可能不得不面对自己作为父母最大的恐惧。有时候，我们会如此行事。也许我们知道求助于人、向别人倾诉痛苦是我们最应该做的事情，但就是迈不出这一步，因为一旦我们迈出去就回不来了。事情就会变成真的，就好像一直很抽象、一直在我们的脑海中萦绕的东西突然成了形。一旦讲出来，我们就可能必须面对行动，而我们知道不愿采取行动的痛苦。

### 如果我们顾影自怜会怎样

普通的问题可能很快变成危机，我可以向您保证，在问题变成真正的危机之前，寻求帮助解决自己的问题更为容易。

即便您没有需要解决的问题，比如您只是需要有个人听您

# 第十四章 / 不要再顾影自怜

哭诉，如果您不讲出来而是把它憋在心里，您可能就此困住，一直陷在绝望、消极的自我对话或极其孤独的感受之中。

最后，如果您将事情都封存起来，就会错过学习和成长的机会，也会错过跟朋友交往的机会。

## 手段

跟别人讲了内心深处或隐私的事情却没换来同情或爱，这是真正的痛苦。对一些人来说，这种事儿绝无可能，因为他们发誓绝不告诉任何活着的（或死去的）人任何内心深处或隐私的事情。

尽管我打算接下来聊聊友谊和沟通，但是，如果您是一个往往把事情都闷在心里的人，有些其他事情我希望您能先考量一下。

首先，同以往一样，看看您的原生家庭，思考一下在有关求助于人方面家庭为您设定了什么样板。我们以44岁的梅瑞狄斯（Meredith）为例：

"在小的时候，我会因为在学习、做家务或家庭生活等方面表现'积极'和自立而受到表扬。作为移民的孩子，做一个不需要别人帮忙的独立女性对我而言是一个黄金标准。但是，因为我遭遇过产后抑郁、破产、经常性抑郁、焦虑和不安全感，事实上这已经变成了一个有害的模式。我学会了向所有人，甚至自己的丈夫和孩子，隐藏自己真正的情绪，摆出一副'英勇面孔'继续硬挺。这对我的友情造成了压力，因为我的朋友觉得我不够信任她们，不会跟她们分享自己的感受。基于这种模式的成长一直非常艰难。"

从梅瑞狄斯身上我们可以看出，她知道自己为何成年后难以开口求助于人。对您而言，您有没有从您的原生家庭那里获得有关什么能够与人分享、什么不能与人分享的信息？您的父母有没有鼓励您独立（当然独立可能是一种美德），只是您或许有些独立过头呢？您是否跟着一个基本上什么都要做的单亲妈妈长大？或者，即使您的确跟着双亲长大，是不是您的母亲承担了大部分工作但从不或很少求助于人？像梅瑞狄斯一样，有时候我们的家庭认同文化可能只关注自主和独立。

我们换个说法，就您的家庭而言，坚强、自立、寻求支持，哪一个更有价值？在某些情况下，这一问题很难回答，因为很少有人直接提到过就个人问题求助于人的事情。但是，如果您从小就听父母把治疗师或精神科医生贬损为"脑子进水的人"，您父母或其他看护者取笑那些去治疗或咨询的人，或者您遇到问题时听到的是"坚持""学会原谅，学会忘却"或"宝贝，忍忍就好了"，那么这些就是您注定会学会并内化的清晰信息。

在这一点上您要多花点儿时间，这样您就能够明白您受到的某些影响来自哪里，对于您的计划而言这可能是非常重要的一部分。

## 第十四章 / 不要再顾影自怜

### 见证您的黑暗时刻

坦率地讲,在我设法解决自身问题的努力中,在过去14年我在自己的博客、播客、采访和专著中为陌生人讲述的故事中,没什么比跟自己最好的朋友和亲近的家人分享那些黑暗时刻更困难的了。尽管我非常了解这种分享对我们的关系和情绪的重要性,尽管我非常了解那些在乎我的人无论我跟他们讲什么都不会离开我,但我迟迟没有采取行动,而且,如今让我打开心扉、大声向他人说出自己的黑暗时刻,仍然是一件痛苦的事情。

社会教化根深蒂固。很少有人是在一个欢迎或鼓励自己展现最脆弱、最难过的情绪和真相的家庭中长大的。很少有人在谈到自己最黑暗的时刻时会觉得安全无虞。当进入黑暗时刻时,我们学会了对它们默不作声,将其深埋心底,然后一切照旧,因而背上了自己的"包袱"。

如果您真的想在生活中冲破藩篱,如果您的确想变得更加自信、勇敢地生活,您就必须学会让正确的人见证您的黑暗时刻。

这个人并非随便谁都可以。您心中可能已经有了人选,也可能您的大脑中一片空白。如果您跟梅瑞狄斯的情况很像,如果可能,先找一个治疗师或顾问。现在您可以在网上选择求助,而不一定要跟对方面对面。不要觉得您必须一次性地抛出您所有的伤心事——您也许需要些时间才能跟自己的治疗师搞好关系。在您开始跟人分享您的难题之前，您觉得自己要先建立信任是非常正常的事情。

## 如何交友

成年后，我们往往没时间交友，确切地说，是没时间结交能与其建立信任关系的密友。但是，同任何事情一样，如前所述，如果您希望改变，您就必须去改变自己的生活。人们经常问我的一个问题是："那些女性在哪里？如今我已经成年，该怎么交友？"建立新的、亲密的友情很像约会。您必须走出去认识一些人。显然，如果遇上全球性疫情这样的情况，交友就成了一种挑战。不过，在正常情况下，通过以下方式，在以下地点，您可以遇到心智相投的女性：

健身房（瑜伽、混合健身、室内团体自行车）

读书俱乐部

妈妈团体

家长会或其他课外活动，如为孩子所在体育队做志愿者

如果您在家办公，可以参加某个共用工作空间

脸书团体

剧院或即兴团体

运动俱乐部（垒球、网球等）

# 第十四章 / 不要再顾影自怜

舞蹈俱乐部（舞厅等）

志愿者活动

当您以上述方式之一认识新朋友时，将目标定为结交很棒的人。留意您的自我对话是否是"这糟透了，关注我的人我一个都不会见"。是的，这可能让您感到害怕或尴尬，但不跟另一个跟您一样卓越的人分享您的卓越同样让人害怕或尴尬。

另外一个结交新朋友的方式就是让您认识的人为您"安排"，以便结识可能适合您的其他女性。问问您的伴侣是否认识您可能喜欢的同事。或者您也可以问问您的兄弟姐妹或邻居。没错，您也许容易受到伤害，但您跟对方谈谈也花不了几分钟。这事儿可能很简单，您只需要说，"你认识可能跟我交朋友的女性吗？我现在正在找新朋友。"这样做，您不仅正在迈开大步采取行动，而且也是在努力向全世界表明您愿意接受新的关系和体验。

## 现有的朋友

谈到朋友，我就必须谈谈您已经结交的朋友。也许您有一两个现在跟您不太亲近的朋友，你们之间的友情可以通过进一步联络变得更亲近。正如任何关系一样，这段友情由来已久，需要您关注，需要您用心。也许您上大学的时候有个朋友，只是现在联系少了，一年左右才联系一次。您也许打算走近她，跟她说您知道你们现在聊得没那么多了，但您希望彼此能有更经常的联系。如果您能加上一句"我一直都想有个更亲近的闺蜜，你是我想到的第一个人"，您应该可以获得额外加分。要明确地表明自己的愿望。如果她是本地人，你们能否每个月都一起出去远足？如果你们住得不远，你们能否在每个月第一个周六的早上视频通话联络一下并经常发发信息？

如果您跟对方结交不久，您可以主动邀请对方一起吃午饭或请对方去您的健身房。对一个刚认识的朋友说"我想让我们的友谊更进一步"这样的话，而且还希望不被误解，这会让人感觉尴尬。相反，或许您可以说一些善意的、轻松一些的话，比如"很高兴认识你。跟你一起玩，结识你这样的朋友，我很享受"。目前，我们对这类事情认识不够。

### 告诉他人如何面对您

我的朋友艾米说，您只能将重要的、容易遭受攻击的事情说给"能听得进去的耳朵"。换句话说，有时候我们试图把我们的难事儿说给错误的人听，而这些人不断对我们进行批评、评判或者对我们不屑一顾，哪怕他们并没有什么恶意。他们没办法按您需要的方式出现在您的面前。在这种情况下，您有两个选择：

**选项1：不要再跟他们说您的难事儿。**如果您继续跟这个

## 第十四章 / 不要再顾影自怜

人或其他人说您的问题并期待有个不一样的结果,如果您还是希望他们会同情您、倾听您的问题,而实际上他们每次都不愿意这样做,那么很有可能您会继续感到失望和受伤。如果您不愿意说出您到底想要什么,什么都不可能改变。

**选项 2:告诉他们如何面对您。** 如果您不讲,对方不会知道自己没按照您需要的方式出现在您面前。他们会认为自己是个很棒的朋友或很棒的家人,也许还会为自己喝彩。

几年前,我们全家搬家,横跨了整个美国,当时日子很困难。很多困难的事情一股脑地冒了出来,我打电话跟妈妈说了。我妈妈一直是个乐天派,什么事儿都能看得开。她最喜欢说的就是"明天又是新的一天"。我跟她诉完苦之后,她说:"亲爱的,你和杰森(Jason)都很聪明也很有办法,我知道你们都会好起来的。"

虽然她这样回答是出于对我的爱而且她的动机也是为了鼓励我,但我深陷绝望之中,看不到光明的一面。我开始生气、哭泣、大声冲着电话喊,"我跟你说我很难过时,我希望你能跟我说'亲爱的,那很糟,你感到这么难过,我觉得很遗憾'。我知道我们早晚会想到办法,但现在是我最难的时候,我希望你承认这一点。"挂断电话之后,我开始抽泣起来,同时也意识到自己需要再打个电话回去为自己发脾气道个歉。

我挂断电话时感到不安,部分原因在于她是我的妈妈。如果换成朋友，我可能没那么不安。如果对方是一位亲密的家人，尤其当对方是最亲密的家人时，如父母、兄弟姐妹或伴侣，相关风险可能会很高。我们可能会受到更微妙、更不易觉察的影响。正如我一贯所说，家庭都是很复杂的。

尽管我跟妈妈的说话方式算不上出色，但我说出了该说的话就是一件好事。如果我不说我妈妈怎么会知道我需要什么呢？在她看来，她是在赞美我的坚韧，是在提醒我和我的丈夫多么能干。我提高嗓门对妈妈发火，这对妈妈并不公平，因为她没办法知道我真正需要的是什么。我平静下来之后，跟妈妈回了电话并道了歉，还重申了自己需要的是什么。

也许您有个善解人意的朋友或家人，也许没有。我妈妈本可以觉得受到了个人攻击而进行反驳，或反过来对我发火。她也可能不想听我道歉或者不希望听我需要什么。如果是那种情况，那就说明她不是我遇到特别困难的情况时应该去找的人，除非我只想听一些陈词滥调或者明天又是新的一天。

也许您不会选择跟自己的妈妈谈，而且您也没有自己觉得可以分享自己的难题的朋友。如前所述，请运用前文所述手段尝试结交新朋友或巩固现有的朋友。如果不行，找个治疗师或顾问。最终，您还会是一位独立女性，同时，坚持把自己的难题跟那些值得您去倾诉的人以及能以您希望的方式与您面对的人分享，您的需求也能得到满足。

## 第十四章 / 不要再顾影自怜

> 忘却

**注意。** 想想上次您因为什么事情非常难过。是因为疫情的暴发吗？您自己或您爱的人失业了吗？您求助于人了吗，如果没有，为什么？

如果您对他人敞开了心扉，您只会告诉他们"事实"吗？换句话说，如果您失业了，您会说"我今天失业了"，还是"我今天失业了，我怕找不到新工作"？前者只是讲故事，后者不仅是讲故事，还是讲自己的感受以及对此事的恐惧。您跟别人讲自己的感受以及自己正经历什么，这样就开启了彼此联系和亲密关系的对话。

**保持好奇心。** 有关求助于人，您相信什么样的文化或社会迷思？您担心别人会觉得您傻或软弱之类的吗？您觉得这些感受来自哪里？不论您是否知道答案，您不求助于人，反而对自己的难题三缄其口，为什么呢？举例来说，比如像梅瑞狄斯那样，这会影响您的恋情、让您觉得孤独或孤立吗？不从他人那里获得或寻求情感支持，您觉得会让您的关系损失什么呢？如果您对他人敞开心扉，您担心会发生什么呢？在这方面您曾有过什么负面经历吗？如果有，发生了什么呢？

**自我同情。** 如果说在某一章中我要特别强调自我同情，那就是这一章。在我当顾问和促进者的这几年中，我见过很多因为友情而苛责自己的女性。她们拿不准自己是不是一个足够好的朋友，对自己曾经犯过的错感到内疚，感觉被朋友伤害了，不知道自己是说了或做了什么才会落到今天的境地。

友谊可能很难维系。它需要您做出努力，需要用您的心去冒险。无论您正在卸下内化的厌女症还是专注于您的友情，您都应该给自己一个特别长的宽限期。如前所述，自责无法让您接近自己想要的东西，但善待自己可以。

**保持动力**。您首先应该做的就是，清点一下您的朋友，看看您和她们之间是否有隔阂。了解一下您是否会分享、如何分享以及能否再加把劲儿把您的友情进行升华。注意您可能会受到什么影响，练习一下自我同情。

如果您需要更好的朋友，采取行动是关键。听取我的建议，不要放弃。我知道，就像人们衡量整理自己的袜子抽屉和发展友情，人们很容易将其他事情列为优先事项。我还知道，如果有人不回应您甚至躲着您，您很容易受挫。这种状况很可能会发生。不过，像任何关系一样，跟一两个人关系处得不好，并不意味着就该放弃。继续尝试是值得的。您需要的友情，以及您正在寻求而且也应该得到的信任和亲密关系，正在向您招手。

## 第十五章
## 不要再忽略自己

2020年，我新聘了一位治疗师。像绝大部分人一样，我被新冠肺炎疫情弄得灰头土脸，我需要打破一些窠臼。在我们第一次面谈期间，她问了我一些问题（其中包括"什么事情让您开心"）的时候，我转过头沉思了一会儿。

"嗯……"我回答道，然后就是长时间的停顿，我几乎没被什么问题难住过。可是，我被这么一个简单的问题难住了。

我回答道："最近没有。"不管怎样，我有一个非常冠冕堂皇的理由：我们正处于全球疫情期间。但是，就算在此之前，我唯一做过的开心的事情也就是偶尔打打网球。

当时，我是一名生涯顾问，出过两本书，还在教别人怎么过上风光的生活，但是我居然没做过什么让自己开心的事。

面谈结束时，我想到了娱乐，因为娱乐就是要做让人开心的事。而当我们想到这里的时候，我的生活中又有多少快乐的感觉呢？

我不是唯一一个有这种情况的人。很多事情女性都会半途而废，享乐就是其中之一。在优先事项清单上它排在最后，是少数几个幸运儿才有的奢侈品。有趣的是，我们社区绝大部分女性希望在生活中创造更多福祉、获得更多个人成长、变得更加幸福时，情况就是如此。

那么，如果娱乐等于幸福，为什么不多享受一番呢？

这一点可能显而易见。但是，就像绝大部分事情一样，女性往往会把自己排在最后，而且认为参加"不必要"的娱乐活动是轻佻和放纵的表现。

既然本章是本书的最后一章，我想开门见山地说：让那种噪声见鬼去吧，让那些有关女性做自己想做的、需要做的和渴望做的事情就是自私的鬼话消失吧。

说真的，人只能活一辈子。一旦我们进入成年（我猜您已经成年了），往往无数责任就开始登上舞台中央。

我喜欢听20世纪80年代的音乐，因为我喜欢这种音乐。但我同样喜欢的是能记住当时听音乐的我是谁。那是一个几乎没有任何责任而且可以自由娱乐的年轻人。我们一旦成年，这一切都会发生改变，所以这件事完全取决于我们。

是的，有些人的生活中的确拥有更多时间和资源去娱乐。我想说出并确认这件事的不公平性。同时，不起眼的娱乐行为可能会改变人的一生。

第十五章 / 不要再忽略自己

## 弄清楚自己的快乐感觉

既然您很长时间或从未考虑过自己的快乐感觉，我们先来问一些问题。拿出一张纸或您的日志，完成以下调查。

1. 您希望生活中什么东西能多一些？

这一问题不仅包括"您想要什么"。这一问题可能有些唐突和含糊，所以我对于您想要更多什么东西更为好奇。也许您希望能有更多的睡眠时间、安静时间或有口袋的连衣裙。也许您真正想要的东西您能拿到的很少，所以想想那些您希望能多一点儿的小东西。不要羞于启齿。留心您是否觉得多要一些东西不太实际。如果您这么认为，那么这些东西就应该在您的心愿清单上。也许您还没有制定一个待办事务清单，或许您只是随便想想，那就把这当作一份写满您远大梦想的圣诞清单吧。

2. 您希望生活中什么东西能少一些？

有时候，这一问题比第一个问题更好回答。往往我们都知道自己烦什么。对您而言，也许是希望压力小些、跟孩子之间的争吵少些、混乱少些、脸书上讨厌的人少些或宿醉少些。也许您希望生活中某类人少些，让自己裹足不前的某些行为或思维方式少些。把它们都写下来。

3. 您渴望得到什么？

这是一个可能让您感慨万千的问题之一。很多时候，我们的第一回应可能是"一份巧克力双色可颂""去看《纽约娇妻》（*The Red Housewives of New York City*）"或这两样东西都要。不过，很多时候，我们不太饿但想吃东西或者感觉压力大想看真人秀，我们把这种食物和电视节目称作次级渴望。我们真正渴望和需要的东西可能是下列之一：

安全 / 结构

确定性

被看见或听见

休息

锻炼

阳光

心灵纽带

人情纽带

肢体接触 / 爱抚

确认

安慰

爱

意义

仔细看看这张清单，尤其是其中那些您一眼就会注意到或

## 第十五章 / 不要再忽略自己

能触动您的内容。或者，当考虑此类深层渴望时，您会往这个清单上加上什么东西呢？它们是根深蒂固但并不轻佻的人类体验，是您生命中的必需品。作为一个人，您值得拥有上面所列这些基本的人类渴望。

一般来说，当您伸手去拿遥控器打开真人秀节目时，您收看这种娱乐节目，可能是为了追求几种不同的东西。也许您想从其他事情上脱身——工作压力让您头大，您想做一件可以稍微让头脑放空或者无须绞尽脑汁就能跟得上的事情。或者，也许您觉得孤独，希望通过电视上那些女性朋友替您过过不一样的生活。

我不是让您去考察自己全天的每一个行为。不过，如果您正在追求更多的幸福感和成就感，或许您应该问一下自己这些问题，以弄清楚自己内心真正想要什么。

4. 您需要什么？

我希望您能将自己渴望的东西和需要的东西合并起来。学会倾听自己的身心渴望什么、需要什么，这样您就能更容易承认和了解自己的所需。

"您需要什么"是一个很值得深思的问题，在纸上涂鸦会有帮助。把自己当成一个想要什么东西的孩子，可能有助于您回答这一问题。也许放学后或在外面玩了几个小时后需要洗个澡，或者被恐怖片吓坏后需要一点儿安慰。您绝不会无视这个孩子的需要。

我请您不只是在感觉压力大或抱着枕头哭的时候才问自己这个问题。从小事开始练习。当您发现自己已经刷了两个小时手机或抱怨同事都是白痴的时候，想想您是否需要什么别的东西。然后，发生大的事情或者您抱着枕头哭的时候，经过练习，您就可以更轻松地获得自己需要的东西。

接近给予自己渴望的、想要的、需要的东西，会让您更接近于发现什么能给您带来快乐的感觉，并帮您在自己的生活中创造更多的快乐感觉。

### 沟通

诺拉·罗伯茨（Nora Roberts）说过，"如果你不问，答案永远是'不'。"因此，比如您的伴侣或室友每天为您冲咖啡，每次端给您的咖啡里面都会放奶油和糖，但您更喜欢黑咖啡。如果您从不拒绝，如果您不要求对方不要再放奶油和糖，那么答案将永远是"不"。

我希望谈论有关爱的话题就像谈论有关您喜欢什么样的咖啡一样轻松。如果这一话题让您觉得非常沉重，这就是您现在需要在这方面先放松自我然后再跟您的伴侣深入探讨的原因。治愈我们自己的伤痛不是我们伴侣的事情，不论这些伤痛跟爱有没有关系。虽然我们都有需要治愈的伤痛，我们的伴侣可以

# 第十五章 / 不要再忽略自己

见证并支持我们（我希望他们能这样做），但面对并治愈这些伤痛的终究还是我们自己。参看第三章中的有关如何进行艰难对话以及如何索取自己所想。

## 旁注

我们讨论一下为何不要觉得自己在一段关系中的成长可有可无。在这一方面，我遇到过很多女性，她们找我进行咨询。有一次，我演讲结束后，有人叫住我，跟我说她的恋情中有个问题始终解决不了。显然，那是个需要治疗才能解决的问题。经过夫妻咨询等活动，我可以明显地看出这位女士的伴侣需要进行单独治疗。我们进行这一对话时，我不希望听到："哦，他拒绝接受治疗。"

他拒绝接受治疗。首先，我要指出，父权制告诉男性接受治疗是脆弱的表现，会让男性看上去很弱。他们接受治疗时会被要求谈论自己的感受甚至情绪，而这也是他们被教育要避开的事情。很多时候，他们确实同意接受治疗，也能面对自己严重的弱点和创伤，但他们基本没什么技巧可以解决这些问题。他们不得不认认真真地接受某个自己信任的治疗师的治疗，那真的非常不容易。

是的，对他们来说确实不容易。同时，他们有责任接受自己继承下来的教化，为了他们的恋情以及他们自己，他们也要解决这些问题。您无须独力拯救他们或这段恋情。您可以体贴入微，可以充满同情，但您的底线也非常重要。您的精神健康跟他的一样重要，您没有责任背着所有重担领着他解决他的个人问题。

恋情只是快乐感觉的一个方面，但我们谈论您的快乐感觉实际上是在谈论您生活的各个方面的享受、成就和满足。您有权获得快乐感觉。拥抱您的快乐感觉就要在生活中勇敢发声。优先对待您的快乐感觉，将对您的整个人生产生非常正面的影响。

### 忘却

**注意**。注意您在生活中能获得多少快乐感觉。您能获得多少享受、成就和满足呢？或者，您是否大部分时间都在取悦他人呢？如果是的话，注意您有关"应该如何"的假设。换句话说，关于您的愿望和需求，您期待哪些？您的生活什么地方有所缺失？

**保持好奇心**。在本章中我问了一个非常有价值的问题。总的来说，您罗列出了自己生活中有多少快乐感觉、有关自己快乐感觉的假设以及自己能否就此进行沟通之后，如果您确实存在某些思想包袱，您要看看自己为何在生活中无法获得更多快乐感觉以及为何对自己的快乐感觉有那种感受。女性的快乐感觉非常重要，如果您希望更加幸福，您需要优先对待您的快乐感觉。

此外，弄清楚为了更加重视您的快乐感觉您可以进行哪些小的

## 第十五章 / 不要再忽略自己

转变。

**自我同情。**如果您有一些有关自己不值得获得快乐感觉的想法，或者寻求快乐感觉就是轻佻或浪费时间，或者他人的快乐感觉比您的重要，在这种情况下，我希望您能专注于自我同情。对某些人来说，自我同情可能是一个革命性的理念，是您从未练习过的东西。如果您这么认为，请您像母亲般地关怀自己，像跟某个您爱和在意的人那样跟自己对话，像对待某个在您的生活中争取最优先地位的人那样对待自己。那会是个什么样子？从小处着手。您的幸福很重要，而您的快乐感觉将是您通往幸福的一扇门。

**保持动力。**同所有事物一样，优先对待您的快乐感觉，不让您的快乐感觉可有可无，这可能需要您终生努力。有两件事情非常重要：您如何在自己的生活中创造和接受快乐感觉；您如何与跟自己朝夕相处的人沟通。第一件事情要求您卸下、清理并治愈有关快乐感觉的伤痛或难题。第二件事情要求您学会跟自己的伴侣进行健康的沟通。这两件事情都不容易，但它们都不可或缺，而且其回报也非同寻常。

作为非凡女性，您值得获得幸福、快乐、福佑和满足。这是您与生俱来的权利。了解自己想要更多什么东西、需要什么东西以及渴望什么东西，这些都取决于您自己。

# 结束语

本书或任何一本自助图书，都不是为了让您的生活发生巨变、创造奇迹或让您一下子成为一个完全不同的人。您已经读完本书，如果我打破了您的幻想，我道歉，但生活本就是一段自我发现的旅程。经历过一次次恋爱、心碎、求职失败、养儿难题和争吵，我们决定看看自身、看看自己能学到些什么，我们逐渐接近我们注定会成为的那个人。

我们必须审视自己的过去、坏习惯、成瘾以及关系，这有点儿危险。原因就在于以下事实，即您会学到一些有关自我的新东西，这些东西可能有好有坏。在这些东西中，也包括了羞耻、恐惧、后悔、悲伤和失望，它们裹在一起，就像您预订的一份上面的配料不太搭的比萨饼。您不打算吃，但一旦您尝过，您可能会意识到它根本没那么糟糕。

在一次面谈中，有人问我是怎么从容接受改变的。我笑了笑，回答道："我没法从容地接受改变。不过，我知道改变不可或缺，而不适就是我正在改变的证据。"我希望您能实现改变。我希望您能在您的餐桌旁给不适留个位子，让不适这位客人觉

## 结束语

得自己足够受欢迎，可以实现它来这儿的目的：帮助您向好的方向改变。

请您选择最能触动您的几个章节予以重点关注。如果您打算在生活中勇敢发声，您必须付出努力，而努力往往不那么让人喜欢。

此外，如果说我希望您能学到些什么东西，那就是希望您了解：

您并不残缺。

您在任何一个方面都不完美，但这一点无可挑剔。

爱围绕着您。

您是一位非凡的女性。

您就是应该这个样子。

# 致谢

写作本书的最初想法始于2016年。当听到多萝西(Dorothy)演唱的"闹翻天"(Raise Hell)这首歌时,我想女性赋权恰恰就是一种闹翻天的行为。当时我马上就意识到自己的下一本书一定会写这个话题,因而就有了这本书。感谢直觉,感谢上苍,让我听到了这首歌,并让我收到了自己期待的信息。

成功不会凭空产生。为了让这本书获得成功,我需要一个村,还需要一个镇,那里居住的人是这一工程不可或缺的组成部分,他们提供的支持包括从一路上的帮助到听我在电话里的哭诉。

收听我的节目的听众,感谢你们的陪伴、倾听以及全方位的支持。因为你们我才会写这本书,我竭尽所能地呼吁你们走出来并指引你们为自己赋权,都是因为我想到了你们。

致我的团队。艾米丽·克里斯托弗森(Emily Kristofferson),我们从2012年起就一起共事,如今我们已经完成了三部书的写作。没有你的帮助,我就找不到自己的方向。感谢你让我一直记得自己要做什么。达琳·冈萨雷斯(Darlene Gonzales)、

# 致谢

克里斯蒂娜·詹姆斯（Christina James）、利兹·阿普尔盖特（Liz Applegate）、丽贝卡·梅托罗（Rebecca Metauro）和丽兹·特蕾莎（Liz Theresa），感谢你们，是你们让所有事情进行得如此顺利。杰西卡·夏普（Jessica Sharp），非常感激你在书里书外给予我的支持。

米歇尔·马丁（Michele Martin）和史蒂夫·哈里斯（Steve Harris），你们是一个女性能找到的最佳出版经纪人。米歇尔，感谢你督促我写这本书，并给予了该书很高的期待，坚定了我写作的信心。我想都没想就答应了（你一直听我说害怕完不成，不断地鼓励我），不过一旦开始写作，我发现写这本书并不困难。因为，我一直希望能有这样一本书。

TarcherPerigee 出版社的莎拉·卡德尔（Sara Carder），你是纽约出现新冠肺炎疫情之前最后一个和我面对面吃午饭的人。感谢你能让我参观企鹅兰登书屋的办公室，让我的美梦得以成真。感谢你从一开始就对本书以及我这个作者充满信心。因为有你这样一位信任我、信任我这本书的编辑，整个写作过程既有趣又充满成就感。感谢企鹅兰登书屋的营销和宣传团队，你们的大力支持让我非常感动。

在我的人生中支持我的女性，有你们做我的朋友和同事，我荣幸之至。艾米·史密斯（Amy Smith），我对你的爱长到可以到达月亮再返回地球。艾米·阿勒斯（Amy Ahlers）、萨曼萨·贝内特（Samantha Bennett）、凯特·安东尼（Kate

Anthony）、凯特·斯瓦伯达（Kate Swaboda）、詹妮·费尼格（Jenny Fenig）、丽贝卡·钦（Rebecca Ching）、妮可·惠汀（Nicole Whiting）、库特尼·韦伯斯特（Courtney Webster）和安娜玛利亚·洛文（Annamaria Loven），当我夸大其词、声称写作太难时，你们和我的谈话都多多少少让我放松下来。你们倾听我，提醒我"我是谁"。我希望所有女性都能有像你们这样的朋友。还有，我的治疗师海伦·坎贝尔（Helen Campbell）。创伤治疗绝不可笑，感谢你带着同情和幽默一路引导我。我需要屈服于这一进程才能继续前行以及完成这本书的写作。

杰森（Jason）……你对我以及我们婚姻所表现出来的耐心和奉献让我震惊。谢谢你！科尔顿（Colton）和西德妮（Sydney），你们都是非常棒的孩子，你们为我自豪，谢谢你们！

妈妈、爸爸（我知道您把每周至少看我一次当作天大的事），谢谢你们如此爱书（移动的图书馆），你们遗传给我的基因让我必须大声说出那些艰难但重要的事情，让我始终能够注意到那些骗人的鬼话并大声喊出来。感谢上苍，我外向而直率的性格让我受益匪浅。

最后，亲爱的读者，无论这是你读过的我写的第一本书还是已经关注我的作品一段时间，感谢你致力于让自己成为一个更好的女性（顺便说一下，你现在已经很棒了）。你托起自己，也就托起了他人。如果你只是想读一下致谢，然后想象一下怎么为自己的书写致谢，那就去完成你的大作，去勇敢发声吧。